KB096944

300억대 사업 밑천은 낡은 칼 한 자루

마장동 최박사의

고기로 돈 버는 기술

최영일 지음

마장동 최박사의

고기로 돈 버는 기술

목차

최박사가 알려주는 '고기' 고르는 노하우

저자가 살아온 이야기

이 시대의 청년들에게

프롤로그

마장동은 세계 최대의 단일 축산시장이지만, 대중들에게는 그보다 재래시장의 이미지가 강하다. 따라서 '마장동의 회사'라고 하면 영세한 이미지를 갖기 쉽다. 또한 시장 상인의 느낌이 강해서 대규모 거래가 신뢰를 기반으로 이뤄지기 어려운 경우가 많다. 즉, 대기업과의 거래 또는 믿을만한 브랜드를 키우기는 어려운 환경이다. 이러한 마장동의 이미지에 대해 회의감을 느끼고, 내가 마장동에서 겪은 성장기를 기반으로 대중들의 시선을 바꾸고 싶어 본 책을 쓰게 됐다. 그리고 축산 유통업의 해외 사례와 국내 축산업의 발전 가능성을 널리 알리고 싶은 욕심도 있다.

나는 빈손으로 마장동에 들어와서 나름대로 체계적으로 성장해 300억대 매출을 일으킨 사람이다. 큰 회사에 비할 바는 아니지만 나름대로 감사하며 성장하려는 노력을 오늘도 하고 있다. 주변 사람들은 어느 순간부터 고기를 많이 아는 사람이라며 필자를 '마장동 최박사'라고 불러주고 있다. 듣기에 쑥스럽지만 기분이 나쁘지는 않은 별명이다. 나는 초등학교를 졸업하고 얼마 지나지 않아 생업에 뛰어들었다. 그러나 일을 하면서도 학업의 끈을 놓지 않고 검정고시를 마치고 사이버대학 과정을 다니면서 배움과 성장을 하고 있는 중이다. 마장동은 나에게 삶 그 자체인 공간이다. 나를 키워주고 성장시킨 마장동, 그리고 마장동에서 만난 소중한 인연들에게 항상 감사하는 마음을 가지고 있다.

나는 낡은 칼 한 자루로 축산시장에 뛰어들어 30년 가까운 경력을 쌓았다. 특히 이 정도 기간 동안 생존하고 성장할 수 있던 비결은 밑바닥부터 차근차근 일을 배워온 고기 다루는 기술과 탄탄한 신용 덕분이라 생각한다. 정직과 신뢰라는 모토를 가지고 젊음을 투자한다면 다른 어떤 분야보다도 더 큰 보상을 얻을 수 있는 업종이 바로 축산업이다.

물론 아직도 마장동 축산시장은 다른 분야에 비해 발전 속도가 느리며, 인식 변화 역시 느리게 이뤄지고 있다. 그러나 최근 이러한 마장동에도 긍정적인 움직임이 생겨나기 시작했다. 새로운 아이디어로 시장에 진입하는 젊은 사업가들이 미래를 보고 젊음을 투자하고 있는 것이다. 젊은 에너지들의 합류로 향후 외식업, 푸드테크, 유튜브, 인스타그램 등 다양한 융복합 시도가 일어나 앞으로 점점 더 발전하는 산업이 되기를 희망한다.
특히 축산 유통업이 고기라는 제품단계를 넘어서서 더 나은 서비스와 가치를 창출하는 사업으로 발전하기를 기대해 본다.

2019년 8월 23일

마장동 축산물 종합시장에서

최 영일 씀

마장동 최박사의

고기로 돈 버는 기술

Part 1

마장동과 고기 유통 사업의 현재와 미래

1. 마장동, 그곳은 어디인가?

서울에는 여러 종류의 도매시장이 있다. '약령시장' 하면 경동시장, '농산물시장' 하면 가락동 농산물시장, '수산시장' 하면 노량진 수산시장이 유명하듯이 '축산물' 하면 많은 사람이 '마장동'을 바로 떠올릴 정도로 오랜 기간 사랑받고 있다.

마장동 도매시장은 서울특별시 성동구 마장동에 있는 축산물 전문 재래시장으로, 국내의 축산물 도매시장 중 가장 큰 규모다. 연간 이용객 수는 약 200만 명, 종사자 수는 약 1만 2,000명에 달해 단일 육류시장으로는 세계에서도 유례를 찾을 수 없을 정도로 큰 규모다. 특히 수도권 축산물 유통량의 60~70%를 차지하고 있다.

하지만 내가 처음 마장동에 첫발을 디딘 1991년도의 마장동은 지금과는 분위기가 사뭇 달랐다. 1991년 당시에는 현재 현대 아파트가 지어져 있는 위치에 도축장과 경매장이 있었고, 도축장을 중심으로 한 마장동 축산물 시장 속에는 또 다른 시장이 형성돼있었다. 1991년도의 마장동 시장은 마장동 도축장의 도축물량과 외부에서 도축해 새벽에 시장업소로 반입되는 물량이 국내 축산물 생산량의 반 이상을 차지했던 것으로 기억된다.

마장동에서 도축한 고기를 가져가서 유통하는 시장에는, 도축장에서 가까운 순으로 동원시장, 대룡시장, 서울시장, 대용시장, 말 시장, 왕십리에서 청량리로 가는 국철 철길 밑인 굴다리를 지나서 행운시장, 제일시장, 삼호시장, 해룡시장, 삼성시장 등 셀 수 없이 많았다. 각 위치에 있는 건물 이름을 따서 시장의 이름을 부른 것인데, 신기하게도 한 시장 안에 취급하는 품목이 같은 유형으로 모이는 특징이 있어서 시장별로 각기 다른 특성을 가지게 되었다.

또한 그러한 시장 외에는 시장의 중앙을 따라 직접 소비자를 만나는 소매점들이 형성돼있었다. 경동시장에서 지금은 없어진 마장동 버스 터미널을 지나 청계천을 건너면 마장동 축산물 시장 버스 정류장이 있다. 이 버스 정류장에서 도축장 방면의 시장길을 따라 소매점이 형성돼있었다. 이곳이 지금은 마장동 축산물 시장의 서문이다. 축산물 시장의 부수적인 소모품 및 부자재를 취급하는 건물도 존재했다. 예를 들자면, 대형 도마가 사용되기에 목재소뿐 아니라 대장간도 있었다.

한편, 도축장 입구의 동원시장 앞에 왕십리에서 청량리로 가는 철길 방향을 따라 각 건물 앞에도 소매점이 형성돼있었다. 지금은 이곳에 마장동 시장의 남문과 북문이 있다. 북문 앞 마장동 먹자골목은 지금도 존재하고 있다. 사실 지금의 5호선 마장역은 축산물 메인 시장과는 좀 멀리 떨어져 있어서 걸어서 10분 정도 걸린다.

앞서 말한 재래시장이나 소매점 외에도 신세계, 롯데, 현대, 갤러리아, 미도파, 한신코아, 진로, 해태, 엘지 등의 백화점과 엘지슈퍼, 한양슈퍼, 해태슈퍼, 우성슈퍼 그리고 이마트, 롯데, 월마트, 까르푸, 홈플러스, 코스트코 등 할인점의 물량도 마장동에서 공급됐었다.

과거 마장동 도축장의 축산물 유통 과정

축산물의 유통 과정을 보면 산지 사육 후 산지 수집상 또는 실구매자가 생소(살아있는 소)를 구매해 마장동 도축장으로 운반해 하룻밤이 지나고, 다음 날 새벽에 도축하게 되면 머리와 내장을 취급하는 분들의 일이 시작되고 도축 후 경매가 이뤄지는 시간이 오전 10시경이다. 이때, 도축장에서 도축되는 것은 소와 돼지(이때 도축되는 소의 종류는 한우, 육우, 유우(젖소)이고 돼지의 종류는 모돈(어미, 종돈), 육돈(규격돈), 등외(위축돈) 등이 있었고, 각 시장에서 취급하는 품목별로 경매가 이뤄지곤 했다

(소머리를 취급하는 곳, 소 내장, 한우고기, 육우 고기, 젖소 고기, 규격 돼지, 위축돈, 모돈, 족발, 순대, 돼지 내장과 같은 1차 부산물(도축을 하게 되면 내장과 도체로 구분되는데, 이러한 도축 부산물을 1차 부산물이라고 한다)과 2차 부산물인 공업용 유지를 모으는 수집상이 있다).

경매 시작과 함께 바로 낙찰된 도체를 운반해 해체 작업이 발골 성형 기술자에 의해서 시작되고, 일부는 해체 과정을 거치지 않고 정육점으로 운반된다. 바로 해체된 도체도 당일 정육점으로 운반된다. 일부는 경매 후 보관해 다음 날 새벽에 해체돼 식당 및 정육점의 구매자들에게 판매되기도 한다.

* 위축돈 : 영양 공급이 원활하지 않아 성장이 덜된 돼지
* 유우 : 젖소, 젖을 짜던 소(홀스타인 수컷이나 새끼를 낳지 않은 홀스타인 암컷은 고기소, 즉 '육우'라고 부른다)

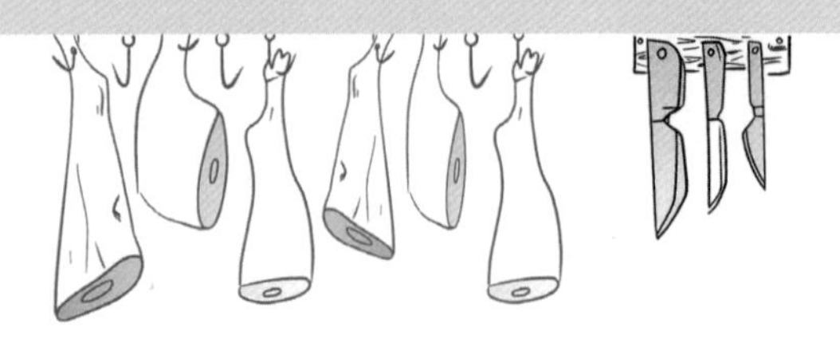

사실 이러한 도축장은 서울에 마장동 외에도 독산동, 가락동의 축산물 도매 시장에도 있었다. 그중 구로구(현재 금천구) 독산동 도축장이 폐점하면서 독산동 축산물 시장은 쇠퇴했다. 그리고 뒤를 이어 마장동의 도축장이 폐점됐고 마지막으로 가락동 도축장과 경매장은 충청도로 이전하면서 가락동의 축산물 시장도 쇠퇴했다. 그렇게 2019년 현재, 서울시에는 도축장이 존재하지 않는다. 이로 인해 축산물 시장이 쇠퇴할 것이라는 이야기가 많았다.

하지만 도축장에 없어짐에 따라 오히려 새로운 변화가 생겼다. 마장동 시장의 경우에는 도축장이 없어지면서 시장의 범위가 더 넓어졌다. 도축을 직접 하지는 않지만, 충청도에서 도축된 도체와 타 지역에서 도축해 마장동으로 반입, 해체되고 유통되는 것은 여전히 이뤄지고 있다. 다만 국내산을 취급하던 많은 업소가 수입으로 대체되고 있다. 국내의 소고기 자급률은 현재 50% 이하로, 수입육이 나머지를 대체하고 있다. 게다가 이런 수입육을 취급하는 업소는 더욱 증가하고 있다. 이러한 사실이 조금 안타깝지만, 외식업의 발전과 더불어서 원가 경쟁력을 필요로 하는 산업 구조를 따라 마장동의 축산물 유통 형태도 변화고 있는 것이다.

또 하나의 마장동 축산물 시장의 변화는 종사자들의 의식 전환이다. 1991년에는 시장 중앙 도로를 따라 형성된 소매점이나 그 뒤의 식당에 납품업에 종사하는 업소들이 위생이나 원산지, 품질보다는 당장의 이익을 좇아 영업했던 것과 달리 2019년 현재는 위생에 대한 의식이 많이 갖춰졌고 무엇보다 품질과 원산지를 지키는 것을 당연하게 여기며 소비자들의 요구와 욕구에 맞추기 위한 노력이 계속되고 있다.

이러한 변화로 인해 마장동 축산물 시장은 쇠퇴하기보다는 한국의 축산물 유통의 중심지로 자리를 잡아가고 있다. 유통 채널이 다양화된 것도 하나의 이유라고 생각한다.

마장동 축산 시장에서의 추억

〈새벽을 여는 사람들〉이라는 고 박봉성 만화가의 만화가 생각이 난다. 수유리에서 첫 버스를 타는 시간은 새벽 4시경, 마장동 우시장에 도착하는 시간은 4시 20~30분이다. 아직 차도, 사람도 모두 잠들어 있을 그 시각에 새벽 첫차는 만원이다. 모두 새벽일을 가는 사람들로 북적이는 것이다. 새벽 첫차에 몸을 실은 사람들은 새벽시장에서 일하는 이들이 대부분이다(수유리에서 마장동 우시장으로 오는 길은 경동시장과 청량리 청과물시장이 있는 제기동을 지나야 한다. 아마 마장동 이외에도 이 두 시장에서 일하는 분들이 아닐까 싶다). 시장에서 일하는 사람들은 새벽을 열면서 하루를 가장 먼저 시작하는 것이다. 세상은 잠들어 있지만 시장은 잠이 없는 것처럼 24시간 돌아간다.

새벽 버스에 내려서 우시장 서문 앞에 서면 시장 앞부터 끝이 보이지 않는 간판과 각 가게의 불빛으로 인해 낮보다 더 밝았던 기억이 난다.

내가 출근해서 제일 먼저 하는 것은 믹스 커피를 마시는 것이었다. 자판기가 아닌 500원짜리 커피로 하루를 시작한 뒤, 2시간 정도 일을 하고 나면 아침 먹는 시간이다. 작업하던 작업대에 비닐을 깔고는 그 위에 앉거나 옆에 서서 밥을 먹는다. 밥 먹는 시간은 5분 정도 걸리는 것 같다. 식후 다시 커피 한잔을 먹고 다시 일을 시작한다.

주문에 맞춰서 포장을 하고 손수레를 끌고 시장 안 여기저기 물건을 배달하면 시간이 언제 흘러가는지 모른다. 해가 중천에 뜰 때 하루 일과가 끝나간다. 이것이 나의 일과였다. 그렇게 나의 하루가 끝나고 퇴근할 즈음 출근하는 사람들도 있다.

축산물의 부산물을 취급하는 분들이다. 이들이 끝나는 시간은 밤 12시경이다. 그렇게 우시장은 불이 꺼지지 않고 하루가 지나간다.

우시장을 삶의 터로 삼은 이들의 사연은 너무도 다양하다. 그러나 공통점은 먹고 살기 위해 여기에 왔다는 것이다. 어려운 환경에서 모여서인지 마장동 우시장의 인심은 매우 좋다. 커피 인심, 담배 인심, 밥 인심… 서로 사주고 얻어먹는 곳이다.

혹자들은 마장동을 매우 위험한 곳으로 이야기하기도 한다. 칼과 도끼 등 고기를 생산하기 위해 사용하는 기구가 흉기와 동일하기 때문이다. 그중 칼을 사용하여 뼈를 발라내고 지방을 제거하는 경우 칼을 사용해 수술하는 의사와 같다고 생각하기도 한다.

그래서인지 마장동에 처음 왔을 때, 꼭 지켜야 하는 원칙이 있었다.
첫째, 칼에 이름을 새긴다. 둘째, 칼은 항상 보이는 곳에 있어야 한다. 셋째, 칼은 항상 지정된 자리에 있어야 한다.

처음 일을 배우고 배달을 하면서 둘째와 셋째를 까먹어서 머리를 많이 맞았다. 선배들의 안전 교육은 매우 엄격했다. 그리고 어떠한 경우도 회사 내의 싸움은 금기시했다. 사용하는 도구들이 흉기로 변할 수 있기 때문이다. 작업 현장은 매우 열악했지만, 일하는 이들은 안전을 매우 중시했다. 일하는 사람의 안전, 그리고 생산하는 고기의 안전을 매우 중시했다. 이것은 누구의 가르침이 아닌 기본적인 것으로 인식됐다.

이러한 인식 속에서 나는 기구를 사용하는 이의 마음에 따라 기구가 도구가 되기도 하고 흉기가 되기도 하는 것이라는 생각이 들었다. 그리고 내가 생각하기에 단언컨대 이 기구를 사용하는 마장동 사람들은 칼을 고기를 다루는 도구로 여길 뿐

흉기라고 생각하지 않는다. 그래서 더더욱 본인에게 엄격하고, 서로에게 엄격하다.

다른 한편으로 마장동 시장은 정이 많고 낭만이 있는 곳이기도 하다. 고기 중량 맞추는 등의 내기를 하고, 그 내기의 타이틀은 500원짜리 커피, 팥빙수, 호떡과 같은 시장의 간식거리였다. 이건 여담인데, 시장의 서문 앞에서 호떡 장사를 오랜 하신 사장님은 호떡 장사로 노원구에 아파트를 사고 아이들 대학 공부시키고 이제는 은퇴하셨다. 또 다른 사장님의 아이가 서울대에 합격했다는 소식에 시장은 축제 분위기가 되기도 했다. 이처럼 시장 사람들은 서로의 일을 자신의 일처럼 기뻐했다. 서울이지만 시골의 모습이 사람들의 삶 속에서 나타난 것이다.

하지만 지금은 지난 시간의 활기와 정은 많이 시든 느낌이 난다. 물론 앞서 말한 것처럼 마장동 우시장의 거리는 과거에 비해서 현대화되고 깨끗해지기는 했지만, 내가 나이를 먹어서인지, 아니면 그때가 그리운 건지 어쩐지 씁쓸하다. 거리가 깨끗해지면서 사람들의 마음의 끈끈함도 청소가 된 게 아닐까 싶다.

그렇지만 이러한 변화에도 마장동 축산물시장은 다른 도매시장이 그러하듯 기회의 땅이라는 생각에는 변함이 없다. 예전에는 마장동 시장 건물 안 2~3평짜리 자리 하나로 장사를 시작하는 경우가 허다했다. 그리고 여전히 이곳은 학력, 신체 조건 불문하고 하고자 하는 열정 하나면 자신의 꿈을 펼치고 이룰 수 있는 곳이다. 축산업에서 생산되는 여러 유형의 일자리는 많은 기회를 주고 있다. 축산물의 다양한 업무를 배우고 그 가운데 기회를 내가 만든다면 그 어느 곳보다 기회가 많은 곳이라 생각한다.

2. 마장동의 위기, 원인은 무엇인가?

앞서 소개한 것처럼 과거에는 고기를 사기 위해서는 마장동 축산시장만 한 곳이 없었다. 그러나 현재의 마장동은 조금 주춤하는 추세다. 이렇게 된 원인에는 여러 가지가 있다.

첫 번째는 대형쇼핑몰의 정육점 숍인숍 운영 경향이고, 두 번째는 HMR 제품의 등장으로 요리 기회가 적어지는 경향, 세 번째가 외식산업의 발달로 직접 조리보다는 외식업소 방문과 요리 배달의 발전 결과, 그리고 네 번째가 인터넷 쇼핑몰의 영향이다.

첫 번째로 꼽은 대형 쇼핑몰 내 숍인숍으로 입점한 정육점이 활성화돼 있어서 주부들이 개별 정육점이나 마장동을 방문하기보다는 원스톱으로 장을 보는 일이 일상화됐다. 따라서 특별히 많은 양의 고기를 구매할 때가 아니면 편리성을 좇아 대형마트에서 사는 경향이 많다.

두 번째, HMR 제품 등장으로 요리 기회가 적어지다 보니 소량으로 사는 소비자들은 줄어들고 대량으로 HMR을 생산을 하는 제조업체가 대형유통업체와 거래를 하는 경향이 늘었다. 따라서 마장동의 큰 업체나 메이저 축산회사와 직거래를 하게 돼 상대적으로 마장동에서 제품을 조달하는 기회가 줄어들게 됐다.

세 번째로 외식사업의 발전이다. 다양한 메뉴를 선보이며 소비자를 유혹하는 외식업체의 등장 그리고 그 외식 메뉴의 배달이 편해지게 됨으로써 1~2인 가구의 고기 구매 절대량이 줄어든 것도 축산시장이나 재래시장에 발걸음을 뜸하게 만드는 원인이 됐다.

마지막으로 네 번째는 인터넷 쇼핑몰의 발달로 인해 직접 방문하지 않고도 온라인 쇼핑을 하는 소비자가 늘고 있다는 점이다. 최근에는 포장 단위도 소형화돼 1~2인 가구도 부담 없이 살 수 있는 환경이 됐다. 배송료와 포장비를 감안하더라도 많이 사서 남기는 것보다는 소량으로 구매하는 소비자가 늘어나서 재래시장이나 마장동 축산시장에 영향을 미치고 있다고 생각한다.

사실 사람의 식습관이나 구매습관 변화는 서서히 이뤄지고 있어서 현재 우리 눈에 잘 보이지는 않지만 향후에는 유통의 구조가 지금과는 다른 형태로 많이 변해갈 것으로 보인다. 그래서 마장동은 앞서 언급한 것 외에도 많은 변화를 주고자 노력하고 있다.

3. 여전한 세계 최대 단일 육류 유통시장 '마장동'의 매력

마장동은 농장에서 식탁까지 가장 가까운 곳이다. 정육 유통이 온라인으로 옮겨가는 변화는 다른 여느 상품과 크게 다를 것이 없다. 그러나 고기는 이야기가 좀 다르다. 고기의 맛을 좌우하는 가장 큰 요소는 바로 보관 온도다. 육류 전문 유통업체의 냉장고와 일반 가정의 냉장고는 성능도 다르고 쓰임새도 다르다. 신선한 고기를 맛있게 먹는 방법은 신선한 곳에서 사는 것이다. 택배로 발송한 지 하루나 이틀이 지나서 고기를 받고 다시 냉장고에 보관했다가 먹는 고기는 마장동에서 직접 사서 먹거나 가정으로 가져가 먹는 고기와는 분명히 다르다.

고기는 도축 후 발골, 해체해 정형하는 순간까지 엄격한 온도 조건하에서 이뤄진다. 그러나 막상 소비자의 손에 도달해 섭취하기 전까지의 온도 관리가 잘 이뤄지지 않는다면 최상의 신선한 맛을 느끼기 어렵다. 고기는 제일 먼저 색이 좋아야 한다. 보기 좋은 떡이 먹기도 좋다는 말은 고기에도 해당된다. 온라인 정육 유통이 발전하고 있기는 하지만 여전히 마장동 시장에서 고기를 직접 골라 2층에서 차림상 서비스를 이용해 현장에서 구워 먹는 소비자들이 여전히 많다. 일반 정육식당과 차별화된 산지에 가장 가까운 맛은 마장동 시장에서 느낄 수 있다. 기회가 된다면 꼭 한 번 마장동에 방문해 어떤 점이 다른지 느껴보길 바란다.

4. 선진국의 성공적인 육류 판매 사업 사례

1) 호주의 빅터 처칠(Victor Churchill)

호주 시드니에 자리 잡은 정육점인 빅터 처칠(Victor Churchill)은 전 세계적으로 유명세를 떨치고 있는 곳이다. 루이비통이나 버버리 같은 명품 브랜드 판매점을 떠올리게 하는 외관으로 유명하다. 내부는 고급스러운 마감재로 아늑함을 느끼게 한다. 투명하게 보이는 쇼윈도 냉장고 안에는 드라이에이징(건조 숙성)된 고기들이 진열되어 있고 육가공 기계와 갈고리가 걸려있어 정육점임을 실감케 한다. 빅터 처칠은 140년에 가까운 역사를 가진 곳으로 1876년 창업주 제임스 처칠의 이름을 딴 '처칠 부처 숍'으로 운영됐다. 그 후 2009년, 호주의 빅스 미트(Vic's meat)로 인수돼 지금의 상호인 빅터 처칠로 바뀌게 되었다. 빅터 처칠은 분위기나 이미지, 업력에 의한 요소 때문이 아닌 품질력으로 성공한 사례다.

매장에서 근무하는 풀타임 직원은 모두 세계 요리대회 수상자들로 파트타임 직원의 시급도 약 6만 원을 상회한다고 한다. 하루 8시간, 월 20일 근무 기준으로 환산해도 월 1천만 원 정도의 급여를 받는 수준이라고 알려졌다. 그래서 유명 요리사를 꿈꾸는 젊은이들의 지원이 끊이지 않는다고 한다.

2) 프랑스의 위고 드누아이에(Hugo Desnoyer)

프랑스의 고기 장인(Artisan)인 위고 드누아이에는 프랑스 육류업계의 스타다. 그는 미식의 도시 파리에서 스타 셰프가 아닌 정육업 전문가로 이름을 날리고 있다. 고기를 다루는 빠른 칼솜씨도 손색이 없는 실력을 가지고 있으나 그를 유명하게 한 것은 고기를 해석하는 철학과 예술적인 감각이다. 소를 발골 작업하는 모습은 숙달된 장인의 경지를 넘어 어떤 예술적인 퍼포먼스를 연상하게 만드는 마력을 내뿜는다. 그가 자신의 이름을 제목으로 2010년 펴낸 〈Hugo Desnoyer〉라는 책은 그를 더욱 유명하게 만들었다. 그는 고기 부위별 요리법, 그리고 손질법을 널리 알려 손쉽게 요리하는 방법을 알려준다. 요리사의 뒤에서 무대를 만드는 숨은 조력자 역할을 아낌없이 하고 있다. 그가 칼을 처음 잡은 나이는 14살 무렵이었다고 한다. 그의 아버지는 아들의 장래를 위해 여러 가지 직업체험을 시켰다. 그러던 중 친구가 운영하는 정육점에서 위고는 고기를 처음 접하고 고기의 촉감을 느끼며 어떠한 숭고함을 느꼈다고 한다. 그때의 그 운명 같은 직감이 그를 고기 장인의 길로 이끌게 됐다. 탁월한 고기 고르는 감과 노하우로 정육점을 확장하고 같은 이름의 레스토랑을 열게 되기까지는 그리 많은 시간이 필요하지 않았다.

3) 미국 샌프란시스코의 패티드 캘프(Fatted Calf)

패티드 캘프는 샌프란시코와 나파에 매장을 가지고 있는 새로운 개념의 정육점이다. 고기에 대해 알고자 하는 소비자의 욕구를 반영해 다양한 클래스와 이벤트를 개최하고 있다. 매주 수요일이나 매월 첫째 목요일에 해피아워 행사를 연다. 능숙한 정형사가 고기를 발골 정형하는 모습을 모면서 스낵을 먹거나 지역 와인 한두 모금을 맛볼 수 있다. 해피아워 이벤트는 오후 5시 30분부터 7시까지 열리는데 무료다. 또한 유료로 진행하는 클래스도 다양하다. 특히 돼지고기를 발골하는 클래스도 있는데 자신이 실습한 고기를 가져가는 비용이 참가비에 포함돼 있다. 그 외에도 살라미, 소시지, 양 발골, 오리, 파테 등을 알리고 실습하는 클래스도 운영하고 있다. 이러한 클래스와 이벤트는 지속적으로 고객들과 소통하는 채널로 쓰이고 있다. 또한 지역민과 밀착된 행사로 고객과의 장기적인 관계를 유지하는 데 도움이 많이 된다고 한다. 특히 체험 과정과 제품 사진을 인스타그램에 올리는 참여자들이 많아서 일석이조의 홍보 효과를 누리고 있다. 고기에 대한 정보를 얻고자 하는 고객의 심리에 맞춰 이에 맞는 콘텐츠와 체험 서비스를 결합한 소통방식은 호평을 얻고 있으며 광고비를 쓰는 활동보다 훨씬 광고 효과가 좋다. 또한 작업 프로세스 공개로 인해 고객 신뢰를 얻는 장점은 덤이다.

4) 미국 보스턴의 부쳐 박스(Butcher Box)

부쳐 박스(Butcher Box)는 미국 매사추세츠 주 보스턴에 본사를 두고 있는 고기 서브스크립션 서비스 스타트업 기업이다. 원하는 고기의 종류나 양에 맞는 플랜을 선택하고 결제하면 정해진 날짜에 고기를 받을 수 있다. 유튜브에서 Butcherbox로 검색하면 언박싱(Unboxing) 영상을 올린 소비자의 리뷰를 볼 수 있는데 상당히 만족스럽다는 후기가 올라와 있다. 우리나라와는 다르게 고기 자체가 식재료의 많은 부분을 차지하는 미국에서는 고기를 대량으로 사는 경우가 많아서 정기적인 배송서비스가 잘 자리 잡고 있는 것 같다. 또한 소고기는 100% 목초지 농장에서 태어나고 자라 목초를 먹인 고기만 취급한다. 일반적으로 소는 일정기간 옥수수나 콩 등의 곡류를 먹이는 과정에서 무게를 늘리는 비육사(Feeding lot)에서 후기 사료를 먹이는데 부쳐 박스의 소고기는 순수 목초 사육 소고기 제품이라고 강조하고 있다. 닭의 경우도 방사시켜 키운 닭만을 취급하며 돼지고기 또한 항생제나 호르몬을 사용하지 않는 방식으로 사육한다고 한다. 부쳐 박스의 특징 중 하나는 고기를 조리하는 방법이나 시즌별 추천 메뉴나 요리 정보를 수시로 이메일로 보내준다는 점이다. 할인 정보뿐 아니라 레시피 정보를 통해 고객의 구매를 촉진시키고 더 많은 정보를 제공해 소비자 수요기반을 넓히고 있다.

5. 젊은 축산 사업가들이 늘고 있다

의식주는 인간의 삶에서 꼭 필요한 것이다. 그중 의복인 봉제업을 배우다가 봉제업의 하청은 미래가 없다고 느낀 것이 1990년도다. 이후 공부에 뜻을 품고 있다가 우연한 기회를 계기로 축산물시장을 알게 됐다. 축산물 도매시장 중 소매를 제외한 도매업은 새벽에 시작해 오전에 끝나기 때문에 공부를 하기에 시간적인 여유가 있었다.

그리고 축산물 관련직업은 다른 업종에 비해 학벌에 상관없이 급여가 높았다. 1991년 당시 대졸 급여가 40여만 원, 중견 기업 부장 급여가 200만 원이 채 안 되는 것으로 기억한다. 그런데 축산물시장의 초임은 60여만 원, 그리고 관리자인 경우 150만 원이었다.

또 다른 매력은 발골 기술을 배워 발골 처리량에 따라 급여를 받는 경우는 소득이 월 350만 원을 상회한다는 점이다. 또 한 영업을 통해 물건을 중개하는 이는 월 1,000만 원 이상의 소득을 취할 수 있는 곳이었다.

축산물시장은 육류를 취급하는 방법과 유통 흐름을 알고 그 흐름을 따라 경제적인 이익이 함께 발생하는 이치를 알게 되면 많은 경제적인 부를 얻는 기회의 땅이었다.
90년대에는 이런 수익 구조가 매우 폐쇄적이었고 잘 알려지지 않아 작은 아이디어로도 이익을 얻게 되는 상황이었다. 하지만 최근에는 축산물의 유통 과정과 도매가격이 오픈돼 부가가치를 얻기가 조금 어려운 상황이다. 이유는 나라의 정책이 그동안 1차산업(축산물은 농산물과 함께 1차산업에 속하며, 유통은 2차산업이다)의 수익을 증대하는 쪽으로만 발전해 왔기 때문이다. 이 방향에 따라가지 못하는 2차산업의 축산물 유통업체는 도태됐고 미래에는 더욱 도태되는 속도가 가속화될 것이다.
그러나 다행히도 마침 이런 상황에서 마장동 시장에 젊은 축산인들이 많이 유입되고 있다. 번뜩이는 아이디어와 열정을 지닌 청년들에게 축산물 시장은 기회의 땅이라고 말하고 싶다. 다른 업종에 비해 아직도 부가가치를 만들 수 있는 매력이 높다고 생각하기 때문이다. 사실 국내의 축산 소비는 매년 늘고 있다. 소비되는 형태가 다를 뿐이다. 축산물은 음식의 가장 중요한 재료다. 음식재료 중 농산물에 비해 축산물은 가격이 비싼 편에 속한다. 이런 축산물 중에서 더 가격이 높은 것도 있고 낮은 것도 있을 수 있다. 그러데 축산물을 이용한 부가가치를 만드는 것에 대해 축산물 취급하는 분들은 아직 눈이 어두운 면이 많다. 이것이 청년들에게 기회로 작용하는 가장 큰 요소다.

최근 유튜브로 방송하면서 한우를 유통하는 회사도 생겨났다. 셰프가 요리도 하며 고기에 대한 정보를 주는 방송이 있는데 구독자 숫자가 많지는 않지만 구매력은 대단해 보인다. 불특정 다수의 시청자가 방송을 보다가 신뢰도가 쌓이게 되면 동네 정육점이나 다른 온라인 쇼핑몰에서 구매하지 않고 충성도 있는 팬이 돼 고기를 구매해 간다. 단위도 상당히 큰 편이다. 향후 팬들을 모으는 집객력을 바탕으로 사업을 성장시켜 나갈 것으로 전망된다.

그 외에도 두 군데 정도의 정육점이 네이버 스마트스토어를 통해서 한우를 많이 판매하고 있다. 엄마네○○, 아재네○○이라는 온라인 스토어인데 최근 2~3년 사이에 부쩍 매출 성장세가 가파르게 늘어난 곳이다. 이 두 곳의 경우는 1세대인 부모님의 판매업을 2세들이 돕다가 온라인에서 판로를 개척한 사례다. 처음에는 부모님들도 온라인으로 고기를 파는 일에 대해 조금은 회의적인 시각으로 사업 진행을 염려하는 수준이었다. 그러나 지금은 오히려 여러 개 운영하던 시장의 매장을 하나둘 줄여서 온라인 판매용 작업장을 확장하거나 포장 기계를 구비하는 등 온라인 투자를 더 많이 하고 있다. 또한 인터넷 전문 마케팅 회사와 계약을 맺고 6개월이나 1년 단위로 공동 마케팅을 하는 방법도 쓰고 있다. 부모님 세대의 판매 방식을 온라인 방식으로 풀어내어 손품을 파는 부지런한 네티즌을 고객으로 확보하는 일은 결코 쉬운 일이 아니지만 젊은 후계자들은 온라인 시장을 선점하기 위해 지금도 공부하고 교육받으러 다니면서 노력하고 있다. 네이버 스마트스토어의 한우 카테고리에서 특히 이 두 업체의 성장이 두드러지는데 명절 시즌에 매출이 몰리는 쏠림현상은 해결해야 할 과제라고 생각된다. 의외로 온라인으로 고기를 파는 곳은 많지만 브랜드로 자리 잡은 독립 매장은 별로 많지 않아 아직도 시장은 거의 초보 단계라고 해도 과언이 아니다.

따라서 도태된 기존의 시장 사람들보다는, 시장에서 좋은 아이디어를 맘껏 펼칠 수 있는 청년들에게는 이보다 더한 기회가 없지 않은가?

6. 온라인 사업은 아직도 초창기다

마장동 축산물시장의 미래는 어떨까? 긍정적인 면을 본다면 서울시에서 마장동 축산물시장을 서울 미래 유산으로 존치한다는 것이다. 또한 가축시장과 도축장으로 시작해 육류 유통의 성지가 된 이후 전성기는 조금 지나갔지만 시장의 범위는 오히려 넓어졌다. 이것은 업소가 더 늘어났다는 뜻이다.

이렇게 시장의 범위가 넓어진 만큼 경제적인 면도 함께 늘어야 한다. B2B 유통이 주류이었던 것이 이제는 B2C, O2O의 소비 형태와 축산 정보 유통의 시발점이 되는 형태로 바뀌었듯 새로운 축산물 유통의 변화를 추구하되 '축산물 시장' 하면 마장동이라는 상징성은 잃지 않는 방향으로 나아가야 한다. 주변의 광장시장과 같이 전통시장으로 소비자가 몰려오게 하는 방안을 강구하는 노력이 함께한다면 미래에도 축산물 유통 향방을 주도하는 곳으로 거듭날 수 있을 것이다.

새로운 정보기술이나 마케팅 방법을 사용해 이 시장에 들어온 회사들도 많이 있는데 대표적인 회사로 미트○○와 정육○이 있다. 미트○○는 대기업에서 10년 이상 축산 바이어 경험을 한 창업자가 IT 전문가와 합작으로 회사를 설립해 축산물 도매 포털사이트를 운영하고 있는 곳이다. 현재 설립된 지 만 5년이 넘은 시점인데 연간 1,000억 원 이상의 매출을 올리고 있다고 한다. 도매시장은 대표적인 블루오션 중 하나라고 일컬어지는데 미트○○의 경우는 100억 원 이상의 투자를 유치해 온라인 환경조성과 물류인프라를 보강하면서 도매 유통시장의 주요 플레이어 반열에 들어섰다고 한다. 사실 온라인 축산물 도매시장은 생각보다 이익률이 크지 않다. 벌크로 매매가 이뤄지고 가격 변화를 잘 알고 가격에 민감한 사업자들이 거래하기 때문에 시장 평균 이상의 수익성을 기대하고 사업하기는 상당히 어려운 분야라고 생각된다. 도매업은 자금도 많이 소요되는 분야라서 쉽지는 않을 것 같다. 그러나 이제는 소비자들도 온라인에서 제품을 고르고 구매하고 있어서 비용을 줄이고 가치를 높이는 방안을 고민해야 살아남을 수 있다는 사실을 직시해야 한다.

그리고 소비자를 상대로 한 스타트업 기업인 정육○이라는 회사는 돼지고기에 초점을 맞춰 신선한 돈육을 온라인으로 판매하고 있다. 창업한 지 약 3년 정도 된 회사인데 이 회사 역시 외부 투자를 유치해 신선한 고기 콘셉트를 자랑하며 돼지고기를 판매하고 있다. 현재 다른 신선식품 회사들이 M&A를 위해 회사를 자주 방문하고 있다는 소문을 듣는다. 특히 특이한 고학력 졸업 이력을 가진 젊은 대표의 스토리가 대중들 사이에서 이슈가 되기도 한 적이 있다. 그 회사의 성장이 어떻게 이어질지 궁금하다.

마케팅 포인트도 중요하지만 고기를 구매하는 고객들은 궁극적으로 다른 모든 요소보다 음식의 맛과 질에 의해 평가를 내리기 마련이다. 음식과 관련한 업계 종사자는 특히 초심을 잃지 않아야 한다. 품질과 가격에 대한 소비자의 신뢰도는 다른 어떤 요소들보다 중요하다.
이 중요한 요소들을 기억하고 지켜나간다면 마장동뿐만 아니라 온라인에서 또한 상당히 안정적으로 성장해나갈 수 있으리라고 생각한다.

7. 이제 축산유통도 맞춤형 도,소매 서비스가 답이다

고기를 골라서 사는 일도 이제는 전문가의 영역으로 넘어가고 있다. 정수기도 관리도 전문가가 해주고 침대 매트리스도 이젠 전문가의 영역이 됐다. 계단 청소, 세탁물, 안마기에 이르는 우리 주변의 영역이 전문적으로 그 일을 하는 사람의 영역으로 들어가고 있다. 책도 큐레이터가 골라줘서 읽는 시대가 됐다. 밀키트도 요리전문가의 레시피대로 만들어진 키트를 사용하면 맛과 영양이 보장되는 시대다. 이제 고기를 고르는 일도 점점 전문가의 영역으로 넘어가고 있다.
고깃집 식당 사장님들도 원가절감을 최우선으로 하다 보니 고기를 전담하는 육부장을 따로 두지 않아서 내부에는 전문가가 없는 경우가 많다. 대신 납품업체가 고기의 부위나 스펙을 제안해 영업이 이뤄진다.

소비자들 또한 새로운 지역에 이사를 가면 이웃에게 꼭 하는 질문이 있다. 정육점이나 떡집은 어디가 믿을만한지 이웃에게 물어본다. 그만큼 정육점에서 고기를 파는 일은 전문적이기 때문에 소비자가 배워서 알기는 매우 어렵다. 등급표시가 돼있지만 지방의 분포, 육량, 육질, 신선도 등 원물이 가지고 있는 특성은 객관적인 데이터만으로는 부족하기 때문이다. 그래서 믿을만한 사람이 추천하는 매장을 들러서 사야 믿을 수 있다고 생각한다. 실제로도 그렇다. 고기야말로 정보의 비대칭이 아주 심한 분야다. 유통기한, 보관상태, 냉동 유무, 진공 유무, 냄새나 색깔, 가공방식에 따라 모두 특징이 다르기 때문에 믿고 추천해주는 서비스가 필요한 분야다.

점차 도매나 소매업종에 이러한 추천이나 컨설팅 서비스가 자리 잡기 시작하는 것 같다. 축산 유통업을 단순한 판매업으로 생각하던 과거의 관점에서 점점 전문적인 서비스가 필요한 분야라는 생각이 퍼지고 있다. 실제 현업에서는 새로운 메뉴를 개발하려는 프랜차이즈 본사에서 직접 축산 유통회사에 새로운 커팅이나 부위를 질문하는 경우가 점점 늘고 있다. 새로운 메뉴는 연구개발이 필요한데 원물의 특성을 모르는 상태에서는 신메뉴 개발도 한계가 있을 수밖에 없다. 따라서 축산제품을 팔면서 고기 컨설팅 서비스를 같이하는 회사가 점점 늘어나고 있다. 예전에는 제품이 주인공이고 컨설팅이 조연이었는데 점점 컨설팅 역량이 사업에서 주인공 역할을 맡는 경우가 늘고 있다.
필자의 사견으로는 향후에는 가정마다 고기를 선별해서 추천하고 배송해주는 컨시어지(Concierge) 서비스가 늘어날 수 있다고 본다. 다른 식자재와는 달리 축산제품은 온도와 보관 방법이 중요한 전문가의 영역이기 때문이다.

8. 아이디어와 새로운 관점이 필요하다

사업이 고도화될수록 다른 업종과의 협업이 중요하다. 소비자의 요구는 날로 다양해지고 있는데 서비스는 각각 분리된 상태를 유지한다면 불편함을 느낄 것이다. 치킨 매장의 경우 과거에는 주문이 없는 시간에는 바깥에서 담배만 피우고 쉬면서 다른 일을 도와주지 않는 배달직원을 둘 수밖에 없었다. 그러나 지금은 배달전문업체와 협업을 진행해 원가를 절감하고 배달 서비스의 질을 높일 수 있게 됐다. 이렇게 배달이 보편화된 이유 중 하나는 배달 수요가 높다 보니 배달 수수료에 대한 소비자의 저항감이 없어지게 된 것이다.

축산 유통 사업도 마찬가지다. 실제로 축산 유통은 다른 서비스나 유통에 비해 변화가 적은 분야다. 찾아가는 서비스, 협업할 수 있는 서비스에 대한 아이디어를 가지고 있는 개인이나 회사와 협력해서 사업을 더

더욱 더 발전시킬 수 있게 되기를 희망한다. 뜻이 있고 아이디어가 있는 분이 있다면 함께 새로운 서비스와 시장을 개척해나갈 용의가 있다. 좋은 아이디어를 제안하고 같이 노력해볼 의지가 있는 분들을 기다린다. 기존에 가지고 있는 역량을 재편해서 새로운 시장을 여는 노력을 해나가고 싶다. 현재 필자가 가지고 있는 인적 네트워크와 역량을 모아서 새로운 사업을 꽃피우는 일을 꼭 해보고자 한다.

9. 나는 지금
축산 유통업의 미래를 설계하고 있다

현재 필자가 하고 있는 일은 매우 다양하다. 도소매업을 근간으로 회사의 기본적인 매출과 수익이 나고 있기 때문에 가능한 일이다. 약선 요리와 축산물을 결합하는 시도, SNS 마케팅과 축산 유통을 결합하는 시도, 독일식 육가공 제조법과 현재 우리나라의 비선호 부위를 결합해서 새로운 제품을 만드는 시도 등 기존에 해오던 일의 범위를 넘어선 혁신을 위해 필자는 오늘도 매진하고 있다. 향후 축산 유통업은 축산소비자의 수요와 소비패턴의 영향을 더욱더 크게 받을 것이다. 이미 축산 소비량은 상승세가 예전만 못하다. 인구 구조가 고령화될수록 축산물 소비는 성장세가 더딜 수밖에 없다. 미국에서는 식물성 재료만으로 배양한 식물성 고기인 비욘드 미트가 축산 오염이나 축산 소비와 관련된 사회적 문제를 해결하겠다고 나오고 있다.

향후 축산 유통은 재료의 건강함이나 우수함을 뛰어넘는 가치소비가 대세를 이룰 것이라 감히 전망한다. 대동소이한 콘셉트로 차별화가 미처 이뤄지지 못한 축산 브랜드의 범람은 소비자의 혼란을 가중시키는 방향으로 흘러갔다. 급기야는 스페인의 이베리코 품종에 열광하는 방향으로 소비자의 기호는 흘러갔다. 아직 논란의 한 가운데에 있는 이베리코 사태를 보면서 소비자가 원하는 것은 새로운 경험이자 미식 욕구였다는 사실을 알게 됐다. 근거는 희박하지만 누군가 세계 4대 진미라고 광고했던 문구에 소비자들은 반응한 것이다. 이제 안전과 위생은 기본이 됐다. 따라서 필자는 축산물 생산 단계에 더욱 주목하고 싶다. 일본의 경우도 지역별로 소를 키우고 돼지를 키우는 방식이 특화돼있다. 일본 나카노의 유명 레스토랑인 유카와탄(yukawatan)의 셰프인 하마다 씨는 자신의 식재료로 일반적인 일본 소인 화우(와규)를 쓰지 않는다고 한다. 전통방식으로 키운 단각우라는 소를 키우는 농장과 계약을 맺어 기존의 식당들과 차별화한 시도를 하고 있다. 그는 '와규는 기름 맛으로 먹는 것이고 단각우는 단백질 맛으로 먹는다'고 말한다.

획일적인 분류기준이 적용된 현재의 등급 제도하에서 등급으로 차별화한 식당들이 자신의 존재가치를 부여했었다면 앞으로는 독특한 사육방식을 택한 농장과의 유대관계를 통해 자신만의 가치를 고객에게 어필하는 시대가 올 수도 있다. 필자는 유통의 일선에서 일하고 있기 때문에 소비자의 구매와 소비 패턴이 서서히 바뀌고 있음을 실감한다. 식문화는 갑자기 바뀌는 것이 아니라 서서히 변하기 때문에 일정한 기간이 지나기 전에는 그 변화를 알아채기 어렵다. 그러나 미래에는 어떤 방향으로 바뀔 것인가에 대한 느낌이 있다. 그래서 필자는 새로운 파트너들을 찾고 새로운 시각을 가진 사람들과 미래를 대비한 사업에 대해 소통하고 교류하기를 좋아한다.

Part 2

최박사가 알려주는 '고기' 고르는 노하우

1. 좋은 고기, 잘 고르는 법

1) 돼지고기 기본상식

삼겹살이라고 해서 다 같은 삼겹살이 아니다. 윗부분과 아랫부분은 조직이 다르고 부위가 다르므로 맛과 질감이 다르다.
머리 쪽에 가까운 흉추 부위와 뒷다리에 가까운 부위는 살과 지방의 분포가 다르다. 그래서 삼겹살의 끝부분인 미추리는 오히려 앞다릿살에 가까운 모양을 나타낸다. 따라서 삼겹살 전문점에서는 미추리를 찌갯거리로 쓰는 경우가 많다. 정육점에서 삼겹살을 구매하는 경우 대부분 삼겹살 모양이 뚜렷이 나타나는 부위와 삼겹살의 끝부분인 미추리를 섞어서 파는 경우가 많다. 그럴 때는 원하는 부위를 더 달라고 하고 추가 비용이 있다면 더 내겠다고 하면 좋은 부위를 살 수 있다. 실제 소량을 구입하는 경우 추가 비용을 받는 경우는 별로 없다. 삼겹살은 오돌뼈가 있는 부분이 지방이 많아서 더 부드럽다. 미추리 부분은 기름기가 상대적으로 적어서 퍽퍽한 식감이 있다. 구이 부위와 같은 원리로 보쌈 또한 오돌뼈가 있는 부분이 더 부드럽고 고소하다.

돼지고기는 안심, 등심, 목살, 앞다리, 뒷다리, 갈비, 삼겹살로 나뉜다. 그리고 특수부위는 항정살과 등심덧살(가브리살), 갈매기살 등이 있다. 돼지고기의 목살은 목 쪽이 등 쪽보다 더 부드러운 맛이 난다. 등심은 하나의 근육으로 죽 이어져 있어서 부드러움의 차이는 거의 없다. 뼈해장국에 쓰이는 뼈도 등뼈보다는 목뼈가 더 부드럽다. 앞다리는 업계에서 주로 전지라고 부른다. 앞다리는 수육으로도 많이 쓰고 찌개에도 잘 어울린다. 뒷다리는 미세하게 정형을 하면 구이용으로도 쓰는 부위가 있지만 수요가 많지 않아서 대부분 원료육이나 찌갯거리로 쓴다. 탕수육 재료로 주로 뒷다리를 쓰는데 업계에서는 후지라고 부른다. 탕수육에 등심을 쓰면 부드럽고 맛있는데 뒷다리의 원가가 싸기 때문에 주로 뒷다리를 사용한다. 최근 돈가스 가게가 많이 생겨서 돼지고기 등심의 가격이 많이 올라가서 돈가스 가격도 소폭 올랐다. 등심은 주로 카레를 하는 용도로 쓰면 좋다. 일본에서는 등심을 된장에 재워서 구워 먹는 경우가 많은데 우리나라의 돼지고기 요리는 일본만큼 다양하지 않다. 돼지고기를 볶거나 숙주나물과 함께 요리할 때 생강을 넣어주면 특유의 냄새를 잡아주는 효과가 있어서 유용하다.

항정살, 가브리살, 갈매기살은 돼지고기 한 마리에서 나오는 양이 한정돼있어서 부위의 구별이 의미가 없다. 다만 갈매기살은 엄밀히 말하면 창자 부위이므로 육색이 짙고 부패가 빠르므로 주의해야 한다. 횡격막

의 한글 명칭은 가로막살이라고 하는데 갈매기살의 어원이 여기서 나왔다는 설이 유력하다. 과거에는 도축장 업자들이 맛있는 부위를 따로 담 너머로 던져서 날아가는 모습이 갈매기 같다고 하는 설도 있었는데 재미있는 스토리텔링을 만들다가 나온 것이라 생각한다. 그리고 가브리살은 비교적 최근에 나온 부위인데 등심을 덮는 모습을 하고 있어서 등심덧살이라 불린다. 가브리살은 일본어의 '덮다'라는 의미의 단어인 '가부루(被る, かぶる)'에서 온 것으로 추정된다. 그리고 항정살은 일명 천겹살이라고도 불리는데 삼겹살에 비해 지방과 살이 엄청나게 세밀하게 분포돼있어서 천 겹이나 되는 모양이라고 해서 그렇게 불리고 있다는 설이 설득력이 있다.

2) 소고기 기본상식

소고기는 돼지고기에 비해 대분할 부위가 많다. 안심, 등심, 채끝, 목심, 앞다리, 우둔, 설도, 양지, 사태, 갈비로 나뉜다. 이외에도 우족, 사골, 꼬리, 안창살, 살치살, 치마살, 토시살, 새우살, 제비추리, 차돌박이 등 다양한 부위가 있다.

특수부위라 불리는 구이용 부위들은 정형이 미세하게 발달하면서 세분화된 부위인데 대부분 희귀함을 이유로 높은 가격에 팔리고 있다. 요즘 새우살을 찾는 사람도 늘고 있는데 꽃등심에 붙어있는 새우처럼 구부러진 부위다. 구워서 먹는 맛이 좋아 많이들 찾지만 양이 적어서 한정 판매하는 경우가 많다. 안심은 소고기에서 가장 선호되는 부위인데 기름기가 없이 담백하면서도 부드러워 구이에 적합하다. 특히 가장 두꺼운 안심 머리 부분은 프랑스에서는 샤또 브리앙으로 불리는 부위다. 소갈비는 본갈비, 꽃갈비, 참갈비로 나뉘는데 꽃갈비가 제일 맛있다는 의견이 지배적이다.

등심, 안심, 채끝은 대분했을 경우 모두 등심 부분에 속하는 부위로서 스테이크나 일반 구이용으로 잘 어울린다. 등심은 윗등심, 꽃등심, 아랫등심으로 나뉘는데 그중 꽃등심을 가장 맛있는 부위로 쳐준다. 지방 함량도 높아서 지방 손질을 깨끗하게 하면 가격이 점점 더 올라가게 된다. 현재의 소고기 등급제 아래에서 가장 영향을 많이 받는 부위가 바로 등심 부위다. 스테이크를 주로 먹는 나라인 미국이나 영국에서 온 여행객들은 등심을 숯불에 구워서 먹는 매력적인 맛에 금방 빠져든다. 불의 세기를 자유자재로 다루면서 적당하게 잘 익히는 기술은 먹는 즐거움을 몇 배나 더 증가시킨다. 또한 소고기 지방의 고소한 맛은 인간의 육식본능과 식욕을 깨우는 묘한 매력이 있다. 안심은 갈비뼈 아래쪽 안쪽의 살을 말한다. 운동량이 없어 부드럽고 육색은 다소 흐리다. 육향은 조금 부족한 느낌이 있지만 부드러움에 매력을 느끼는 사람들이 많다. 양이 적어서 등심보다 비싼 부위이며 아기들 이유식에 사용하는 수요도 있다. 채끝은 채찍질했을 때 닿는 부위라는 설도 있고 등심과 갈비를 한 채 두 채 하고 세는 단위의 마지막 끝이라는 설도 있다. 영어로 Strip loin(채끝 등심)이라고 쓰므로 전자의 설명이 더 설득력이 있다고 생각된다. 마블링이 윗등심에 비해 적기 때문에 육향과 마블링이 적당히 어우러져 있다. 오래 익히면 질겨지기 때문에 기술적으로 부드럽게 짧은 시간 굽는 것이 좋다. 미국에서는 채끝이 뉴욕주처럼 생겼다고 해서 뉴욕 스트립이라고도 불린다. 업진살은 소가 엎드렸을 때 바닥에 닿는 부위라고 해서 붙은 이름이다. 돼지고기 삼겹살을 닮았다고 해서 우삼겹이라는 이름을 처음 붙인 사람이 백종원 대표라고 한다. 마블링이 매우 뛰어난 부위로 소 한 마리에서 3.5kg 정도만 나오는 부위다. 몇 점 먹으면 느끼하다고 평하는 사람들도 있는데 소주 안주로는 잘 어울리는 맛이다. 부챗살은 소의 어깨뼈 부분에 붙어있는 살이며 낙엽처럼 생겼다고 해서 낙엽살이라고도 불린다. 소 한 마리에서 2kg 정도 나오는 부위인데 마블링이 좋은 장점이 있지만 육향이 등심에 비해서는 좀 적은 느낌이 든다. 부챗살 가운데는 굵은 콜라겐 심이 박혀있다. 질긴 부위라서 잘라내는 경우도 있지만 씹는 질감이 괜찮아서 별미로 즐길 수 있다. 호주에서는 굴을 닮았다고 해서 오이스터 블레이드(Oyster Blade)라고도 부른다. 안창살은 소의 횡격막 부분을 말한다. 돼지고기로 치면 갈매기살에 해당한다. 엄격히 말하면 근육 부위, 즉 고기는 아닌 내장에 해당한다. 소 한 마리당 600g도 채 안 나오는 부위로 육즙이 풍부하고 구우면 쫄깃쫄깃한 맛이 난다. 치마살은 소 뒷다리 쪽 복부의 치마처럼 생긴 부위다. 육질이 부드럽고 지방이 적당하게 분포돼있다. 육즙도 풍부하고 씹는 맛도 좋다. 제비추리는 소 목뼈에서 시작해서 갈비뼈를 따라 길게 붙어 있는 부위다. 운동량이 많은 부위이기 때문에 색깔이 붉고 지방은 거의 없다. 담백한 고기 맛을 일품으로 치는 마니아들이 좋아하는 부위로 소 한 마리에서 600g도 안 되는 양이 나온다.

3) 소비자가 집에서 먹을 고기 고르는 법

건강한 고기를 고르는 방법은 요리 용도에 맞는 고기를 기준으로 가장 신선한 고기를 구매하는 것이다. 그래서 맛보다 우선 고려해야 하는 것이 바로 '안심하고 먹을 수 있는 고기'다. 즉, 신선한 고기이면서 안전한 고기여야 건강한 고기라는 것이다.

좋은 고기는 요리 용도, 즉 찜, 구이, 탕, 볶음, 조림. 국, 야채와 혼합, 고명 등 음식의 종류에 따라 적절한 부위와 알맞은 지방 포화도의 재료를 구매하는 것이 중요하다. 예를 들어서 마블링이 높은 것은 구이용으로 좋다. 하지만 스테이크용으로는 적절하다고 할 수 없다. 찜용 고기도 마블링이 높으면 기름으로 인해 느끼하다. 그래서 마블링이 높지 않은 것이 좋다. 이처럼 음식의 요리 용도에 따라 고기를 고르는 기준이 다르다는 것을 소비자들이 간과하는 것 같다. 물론 요리를 많이 하지 않는다면 모를 수도 있다. 그렇지만 요리를 많이 해본 사람은 알 것이다. 맛있는 음식을 만들기 위해서는 요리 방법에 맞는 기준으로 고기를 구매해야 한다는 이 당연한 소리가 진리임을 말이다.

자, 이제 요리 용도에 알맞은 부위를 선정했다면 신선한 고기를 골라야 한다. 모든 고기는 색깔, 즉 육색 좋아야 신선한 것이다. 이때, 육색이 좋다는 것이 마블링이 높다는 것을 이야기하는 것이 아님을 기억해주기 바란다. 육색은 말 그대로 고기의 색, 빛깔을 의미하는 것이다. 육색은 전체적으로 밝은 빛이 우선이다. 사실 육류는 원래 적색이다. 소고기는 적색 중에서도 농도가 높은 것이고 돼지고기는 옅은 것이다. 이렇게 적색을 띠는 소고기와 돼지고기는 모두 밝은색을 보여야 신선한 고기다. 안 좋은 고기는 소고기의 경우 어두운 적색으로 검은빛으로 가까이 가고 돼지고기는 반대로 적색에서 더 옅은 색인 회색으로 가거나 옅은 적색이지만 어두운 색으로 나타난다.

마지막으로 '맛있는 고기'를 구매하기 위해서는 맛의 기준도 알아야 한다. 많은 소비자가 "어떤 고기가 맛있는 고기인가"라는 질문에 '연한 고기'를 이야기한다. 사실 모든 고기는 어린 것이 마블링과 상관없이 연하지만, 더 연한 고기를 찾기 위해 마블링이 높은 고기를 선호한다. 하지만 연한 만큼 육즙의 풍미는 조금 떨어질 수 있다는 사실도 기억하길 바란다.
그리고 요즘은 이조차도 어려워하는 소비자들을 위해 이력제를 실시하고 있다. 실제로도 우리나라의 축산물 유통 체계는 이제 법적으로는 세계 최고 수준이다. 이력제가 의무화돼 이력제 번호 검색을 통해 고기 이력을 확인해 고기의 안전성을 알아볼 수 있다. 또한 축산물을 전문적으로 취급하는 전문가가 있고, 고기의 요리 용도를 숙지하고 있는 곳에서 구매하면 속지 않고 좋은 고기, 맛있는 고기를 구매할 수 있다.

이때, 이력제를 등급제와 혼동하는 소비자가 있으리라 생각된다. 국가에서는 축산물 등급제의 시행과 더불어 냉장육이 냉동육보다 더 맛있고 등급이 높은 것이 더 맛있다는 기준을 여러 미디어 매체를 통해서 소비자에게 홍보해 맛있는 고기의 기준을 왜곡시켰다. 등급제를 보면 1^{++}, 1^{+}, 1, 2, 3으로 표기하고 홍보했는데, 이것은 대학의 A^{+} 학점이 가장 높은 점수인 것처럼 육류의 등급 또한 1^{++}만이 좋은 고기라고 인식하게 했고 이런 고기가 맛있다는 인식을 갖게 했다. 하지만 등급제와 이력제는 다르다는 것을 기억하고, 등급보다는 고기의 이력을 확인하기를 권한다. 이력에는 생산자, 연령, 도축일, 가공일 등 상세한 정보가 담겨있다. 고기 고르는 법이 어렵다면 평판 좋은 주변 정육점 사장님과 친하게 지내면서 요리 방법이나 용도에 대해 물어보면 된다. 용도에 맞게 커팅해주고 서비스도 푸짐할 것이다.

4) 식당 사장님이 고기 고르는 법

음식은 먼저 코로 먹고, 눈으로 먹고, 혀로 먹는다고 한다. 하지만 조리 전 고기는 먼저 눈으로 먹고, 다음에 코로 먹고, 마지막에 혀로 먹는다. '보기 좋은 떡이 먹기도 좋다'라는 말이 있지 않은가. 고객이 보기에 보기 좋은 고기가 맛있고 좋은 고기다. 따라서 식당에서 소비자에게 맛있는 고기를 제공하기 위해서는 보기에도 좋은 고기를 구매해야 한다.

그리고 손님의 나이에 따라 취향이 다를 수 있음 또한 고려해야 한다. 손님 개개인의 경험, 즉 나이에 따라 좋은 고기의 기준이 다르기 때문이다. 이런 경우 고객에게 고기를 제안할 때 고객의 부류를 구분해 그 특성에 맞는 부위를 제시하는 것이 좋다. 이때 고기의 식감과 육향, 그리고 고기 특유의 기름 맛 등이 고기의 맛을 좌우함을 명심하고, 고기를 추천해드리면 된다.

예를 들어, 3대의 가족 손님을 위한 경우 기름기가 적으면서 연한 것과 씹을수록 맛있는 부위를 함께 추천해 타지 않게 잘 구워야 한다. 아무리 비싼 한우라도 오래 구우면 질겨지기 때문이다. 근육이 많지 않은 고기가 연하려면 지방이 충분하거나 수분이 충분하면 된다. 그래서 겉은 바삭하게 구워주고 내부는 약간 촉촉한, 일명 '겉바속촉' 구이법인 일반적인 방법으로 구우면 된다. 또한 정육점 식당의 경우는 고객이 원하는 고기의 취향에 맞게 고기를 서빙해주는 능력도 중요하다. 정육점 식당에서는, 정육점이 아니라 식당이라는 서비스업의 특성을 이해하고 서비스를 통해 부가가치의 합당함을 인정받아야 고기 전문점의 가치를 인정받고 사장은 고기 전문가의 능력을 인정받게 된다.

또한 고기의 육색은 일반인들뿐만 아니라 전문가들에게도 가장 중요한 지표다. 한우는 붉은 광택이 밝은 것이 좋으며 어둡고 탁한 색은 질기거나 나이가 많은 소일 가능성이 크다. 특히 지방색이 중요한데 우윳빛이 나는 흰색 즉 유백색이라고 부르는 색이 좋다.

필자가 아는 고깃집 사장님의 구매 노하우를 공개한다. 그 사장님은 납품 당일 현금 결제를 해주신다. 그 대신 고기의 질에 대해서는 엄청나게 깐깐한데 도매하는 입장에서도 그런 매장이 더 성장할 수 있도록 지원을 아끼지 않게 된다. 고기 구매에 대해서 일일이 신경 쓰지 않고 사장님은 판매와 손님 서비스에만 집중하니까 사업이 잘될 수밖에 없다. 고기 회전이 잘 되니 항상 고기가 신선하고 맛있을 수밖에 없다.

온라인 사이트를 다니며 비교하며 구매하는 고기는 사실 품질이 제각각이라서 별로 추천하지 않는다. 사업이 잘되는 식당의 이러한 구매 노하우를 배워볼 필요가 있다.

5) 프랜차이즈 본사, 급식업체가 고기 공급업체 고르는 법

(1) 수급 불균형에 따른 대책 수립

외식 프랜차이즈업체 중에서 고기를 사용하는 비율은 월등하게 높다. 고기가 메뉴에 있어야 매출 볼륨이 크기 때문이다. 매출이 커야 수익도 매출에 비례해서 늘어나는 경향이 있다. 작게는 김밥집이나 컵밥집, 밥버거집에서부터 돼지고기, 소고기 구이집에 이르기까지 고기를 쓰지 않는 곳은 별로 없다. 프랜차이즈 본사가 쓰는 고기는 주로 수입육이나 국내산 냉동제품이 많다. 국내산 재료인 한돈이나 한우를 사용하게 되면 원재료 가격의 변동 폭이 커서 식재료비 컨트롤이 어려워지기 때문이다. 따라서 안정적인 원가율을 유지해 지속적인 원가 경쟁우위를 유지하는 차원에서 수입 냉동육을 선호하게 된다. 수입량이 많아서 대체품을 찾기도 용이한 경우가 많다. 그러나 삼겹살처럼 많이 수입되고 있지만 파동이 나는 경우도 있다. 예를 들면 갑작스럽게 무한리필 삼겹살집이 전국적으로 생기면 그 수요량을 장기적으로 낮은 가격에 맞추기 어려워진다. 삼겹살 수출국에서는 한국이 수입을 늘리면 가격을 올리게 된다. 당연한 이치다. 원래 초기에는 국내에 수입된 삼겹살 재고가 많아서 이를 소진하기 위한 방편으로 무한리필 매장을 내서 가맹사업을 전개한 것인데 재고가 소진되고 나면 새로 수입을 해야 하는데 이때 들어오는 물량은 이미 가격이 올라있다. 그러면 무한리필 매장은 원가부담을 겪게 돼 수익성이 떨어지는 악순환이 생긴다. 그래서 매장에서 소비자 가격을 높이면 소비자는 그 매장을 떠나게 된다. 결국 서비스의 질이 저하되고 매장은 서서히 쇠락의 길을 걷게 된다. 이러한 재료수급은 고기를 주재료로 사업을 전개하는 프랜차이즈 본사의 입장에서는 주목해야 할 대목이다.

(2) 아프리카돼지열병(ASF) 같은 비상상황 발생 시 대책

프랜차이즈 본사뿐만 아니라 급식업체의 경우도 워낙 고기 사용량이 많기 때문에 원가 관리의 중요성이 크다. 때로는 미리 냉동창고에 재고를 쌓아 놓아서 계절적 가격변동에 따른 변동성을 비껴가는 방법도 써야 한다. 그러나 대기업이나 물량을 많이 소진하는 회사의 입장에서는 항상 시장에서 돈만 내면 물건을 조달할 수 있다는 생각을 가지고 있다. 그러나 최근 아프리카돼지열병(African Swine Fever, ASF) 사태와 같이 전세계적인 영향을 주는 사건이 발생했을 때는 외식산업 전체가 타격을 입을 수밖에 없다. 이러한 경우 프랜차이즈 본사나 급식업체는 대형유통업체와 공조해 재고 수급 대책을 마련해야 한다. 이러한 비정상적인 상황 발생으로 비상사태가 장기적으로 이어질 것을 대비해서 메뉴를 수정하는 방법까지도 강구해야 할 것이다. 소고기, 돼지고기에서 다른 대체 육류로 메뉴를 변경하는 방법도 계획에 넣어야 한다.

(3) 신메뉴 개발 및 세절 가공의 중요성

보통 프랜차이즈 본사의 제품개발팀은 조리팀과 협업해서 메뉴를 개발한다. 해외의 유행 메뉴를 벤치마킹하거나 국내의 유행 아이템을 조금 다르게 만드는 경우다. 그러나 신메뉴 개발 과정에서 가장 필요한 것이 바로 고기 유통 가공 전문회사와의 협업이다. 기존에 없었던 세분화된 부위로 새로운 제품을 만들어낼 수 있다. 스테이크를 만들더라도 좀 더 저렴한 부위를 사용하여 만들 수 있다. 부챗살이나 토시살을 큐브스테이크로 가공하면 기존의 스테이크를 대체할 수 있는 가성비 뛰어난 제품을 만들 수 있다. 잘 알려지지 않은 부위인 척로스트 같은 부위는 고기 유통하는 곳이 아니면 알 수 없는 부위다. 또한 최저임금 상승의 여파로 주방에서는 조금이라도 일손을 줄여야 하므로 원하는 스펙으로 세절 가공된 재료를 받아서 바로 그 자리에서 쓰려면 가공공장과 사전에 충분한 조율을 거쳐서 최대한 생산성이 높은 상태로 납품을 받아야 한다. 필자의 경우 조리를 배우게 된 목적 중의 하나가 새로운 메뉴를 제안하는 실력을 키우기 위한 것이었다. 직접 발골에서 정형까지 다 할 줄 아는 전문가지만 조리팀과의 협력을 통해 더 나은 서비스를 제공하려 함이었다.

소고기의 특성

한우는 다른 고기에 비해 맛을 풍부하게 내는 이노신산이라는 성분이 풍부해서 커피나 와인에 비유하면 바디감이 좀 더 있는 편이라는 평이 많다. 그래서 한우는 지방이 풍부한 1^{++}를 너무 많이 서빙하면 몇 점 못 먹게 되는 경우도 많다. 그러나 등급이 좋아야 비싸고 맛있다는 고정관념을 깨는 것은 쉽지 않기 때문에, 적절하게 분배해 서빙을 해야 한다.

한편, 개인적으로는 숙성육이 우리나라 소비자에게 잘 맞지 않는다고 생각한다. 숙성육을 만들려면 건조숙성, 즉 드라이에이징을 해야 하는데 많게는 고기의 40%에 가까운 로스를 감안해야 한다. 따라서 건조숙성을 한 고기는 원가가 비쌀 수밖에 없다. 숙성하지 않은 고기도 일반인이 먹으려면 가격대가 만만치 않은데 건조숙성을 한 한우는 가격이 많이 올라가기 때문에 소비자들의 선호도가 높지는 않다. 호기심으로 몇 번 먹을 정도는 되겠지만 우리나라 구이문화가 주로 생고기를 굽는 신선도 위주의 섭취문화이기 때문에 향후에도 보편적인 메뉴로 존재하기보다는 전문점의 메뉴로 이어질 가능성이 크다.

미국산 소고기의 경우 옥수수, 콩 등의 곡물로 비육한 소가 고소하고 맛있다. 반면 호주산의 경우 풀을 오래 먹인 소는 지방이 약간 갈색이 나는 경우가 있다. 그래서 도매시장에서는 호주산이 미국산보다 가격이 좀 싸다. 일반적으로 소고기는 곡물 비육한 기간이 길수록 가격도 비싸고 맛도 더 좋기 때문에 식당 사장님들은 웬만하면 미국산 소고기를 더 선호하지만, 호주산 소고기는 마케팅이 잘돼있어서 주부들의 선호도가 높다.

2. 최박사가 알려주는 소고기 부위와 용도

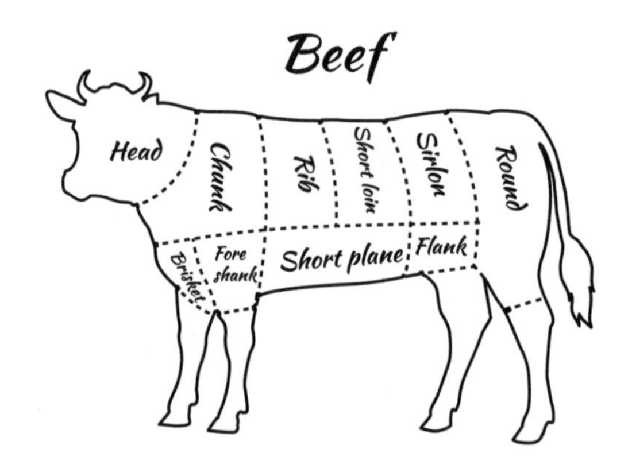

고기의 부위별 특징은 음식의 종류나 용도에 맞춰서 설명해야 한다. 해부학적인 분류도 고기의 특성으로 볼 수 있지만 음식 재료인 원료로 사용되는 관점의 특징은 부위별에 맞는 적절한 조리 방법으로 설명하는 것이 적절하다고 생각하기 때문이다. 또한 부가가치를 높이기 위한 마케팅적 요소로는 소고기 부위의 희소성을 특징으로 한 메뉴 구성으로도 볼 수 있다.

1) 일반적으로 잘 알려진 부위

음식의 조리 방법에 따른 분류 : 구이용은 지방이 적당히 포함돼있어서 구웠을 때 부드러운 부위가 적합하다. 지방이 없더라도 함유된 수분이 많고 굵은 근육이 없고 잔 근육만 있는 부위는 부드러운 식감을 준다. 그러나 구이는 사실 지나치게 오래 구우면 어떤 부위든 질기고 딱딱해진다.

구이	등심, 안심, 채끝, 토시살, 제비추리, 차돌, 갈빗살, 치마살, 삼각살, 갈비본살, 생갈비, 안창살, 업진살, 부챗살

찜용은 주로 콜라겐이 많이 포함돼 굽거나 짧은 시간 동안 요리하면 질기지만, 오랫동안 찌거나 삶으면 젤라틴으로 변해서 연하고 부드러워진다.

찜	갈비, 사태, 힘줄, 알꼬리

기본적으로 국은 모든 부위가 다 들어가도 괜찮지만 구이로 사용되는 비싼 부위를 굳이 사용하지 않아도 되는 음식이므로 경제성을 따지면 구이용 외의 부위를 쓰면 된다.

국	차돌양지, 업진양지, 앞다리, 보섭살, 도가닛살, 우둔, 목심 및 구이용 부위

국물이 우러나서 고소한 맛이 나고 뽀얀 국물을 얻기 위해서 사용하는 부위인데 양지 부위로 국물을 내면 육향이 진하고 고소해서 자주 쓰인다. 고명은 뼈와 심줄을 제외한 모든 부위를 잘게 찢거나 썰어서 넣으면 된다.

탕	양지, 도가니, 사골, 우족, 갈비 외 구이용 부위

조림 부위는 지방이 많지 않은 부위를 쓰는데 살이 두꺼운 부위를 오래 가열해 부드럽게 만들어 요리할 수 있다.

조림	사태, 홍두깨, 우둔, 도가닛살, 앞다리, 보섭살, 양지

볶음류 또한 굵은 근육부위가 아닌 잔근육 부위를 사용하면 된다.

볶음	앞다리, 설도, 설깃, 외 구이용 부위 살

고명은 사실상 거의 모든 부위를 사용할 수 있다.

고명	뼈와 힘줄을 제외한 모든 부위

스테이크는 등심 전부위와 안심, 부채 토시살, 삼각살 및 설깃을 사용하는데 육향이 가장 진한 부위는 등심이고 안심은 지방을 피하고 싶은 사람에게 좋다. 프랑스에서는 안심의 가장 큰 부위를 샤또브리앙이라고 부르며 최고의 스테이크로 친다. 요즘은 티본 스테이크, 포터하우스, 토머호크 스테이크, 엘본 스테이크 등 다양한 스테이크 컷을 구할 수 있다. 뼈가 있는(bone in) 이러한 부위는 대부분 수입 소고기를 전문으로 수입해서 가공하는 곳에서 구할 수 있다. 캠핑용으로도 많이 판매되고 있다.

스테이크	아랫등심, 채끝, 안심, 부채, 토시살, 삼각살, 설깃 일부

육회는 고기 근육의 가로 방향으로 썰면 해동할 때 부서지고 뭉쳐지는 현상이 나타나므로 썰 때 주의하는 것이 좋다. 또한 수도권에서는 도축 당일 반출이 안 되는 육회용 부위를 경상도, 전라도 지방에서는 육회용 상박살을 도축 당일 반출해 판매할 수 있다. 이는 지역의 관습적인 음식 습관을 반영해 유연성을 가지고 당국에서 예외로 인정한 사항이다.

육회	홍두깨, 우둔, 설깃, 앞다리, 꾸리살, 도가닛살

육사시미	설깃, 꾸리살, 치마살, 보섭살, 방심살

2) 희소성이 특징인 부위

일반적으로 소 한 마리를 도축하면 갈비 부위를 뺀 구이용이 정육의 약 20% 정도 나오기 때문에 희소성이 특징이다. 최근에는 등심도 윗등심, 아랫등심으로 나누고 새우살, 살치살, 꽃살, 알 채끝 등으로 세분화해 판매하는 업소가 있는데 나름대로 부위의 희소성을 하나의 미식 스토리로 풀어내는 노력의 결과라고 본다. 또한 소비자들도 이러한 세분화된 정형 방법으로 나온 부위를 선호하는 경향이 있다.

등심	새우살, 등심살, 살치살, 아랫등심
채끝	꽃살, 알 채끝
안심	꽃살, 안심
특수부위	토시살, 제비추리, 안창살, 알치마살, 삼각살, 업진살, 부챗살 아롱사태
갈비	진갈빗살, 갈빗살(늑간살), 생갈비

3. 고기 굽기의 달인이 되는 노하우 공개

1) '육즙을 가둔다'는 말은 속설이다

사람들이 속설을 얼마나 잘 믿고 근거도 없는 이야기를 퍼뜨리는지 알 수 있게 해주는 사례다. 일단 받아들인 정보가 오류라는 사실이 알려지더라도 한번 자리 잡은 고정관념이나 잘못된 정보를 바꾸기는 어려운 것 같다. 사실 '육즙을 가둔다'는 말은 1850년대 독일의 화학자인 유스투스 폰 리비히가 주장한 내용이다. 그가 실험을 했던 것은 아니고 이론과 가설로서 주장한 내용이다. 이 잘못된 가설은 1930년대 실험으로 이미 허구임이 밝혀졌다. 그러나 여전히 우리나라뿐만 아니라 서구권에서 활동하는 셰프 중에서 이런 주장을 하는 사람이 꽤 많다고 한다. 그러나 그럴듯한 설명과 함께 전달되는 이 가짜 뉴스 같은 정보는 지금도 텔레비전에 출연하는 셰프나 일반인의 입을 통해서 많이 퍼지고 있다.

1850년대에 나온 근거가 희박한 주장을 1930년대에 실험해서 허구임을 밝혔음에도 아직도 이러한 이야기가 떠다닌다. 겉면을 바싹 익혔다고 해서 불로 인해 일어나는 육즙이나 기름의 증발을 막는 코팅면 역할을 할 것이라는 말은 이제 잊어버리자. 매번 고기를 구워서 뒤집으면 그 위에 육즙이 배어 나오는 것을 보면서도 그런 말을 계속한다는 것은 상식에도 맞지 않고 스스로 고기 공부가 부족하다고 광고하는 격이다.

2) 고기는 부드럽게 구워야 맛있다

고기는 일단 부드럽게 구워야 한다. 천만 원짜리 한우도 불 위에서 오래 구우면 질겨서 맛이 없어진다. 좋은 부위를 질기고 뻣뻣하게 만드는 요인은 바로 열에 의한 단백질 수축 작용과 수분 및 지방의 감소 때문이다. 열을 가하면 단백질이 수축되고 수분이나 지방이 표면으로 밀려 나오게 된다. 육즙이 증발하게 되면 고기의 질감은 퍽퍽해지고 만다. 이 원리를 알면 구이 부위는 얼마든지 맛있게 구워 먹을 수 있다. 육즙을 떠나보내는 방법으로 구우면 왜 맛이 없어질까? 바로 육즙 안의 고기 맛을 내는 수용성 단백질이 흘러나가기 때문이다. 냉동된 고기를 급속하게 해동하면 육즙이 빠져나가 굽더라도 맛이 덜해지는 현상도 이러한 원리다. 육즙의 육향은 그래서 중요하다. 그래서 소고기를 구울 때 불만 살짝 갖다 대고 익히고 먹는 방법도 추천한다. 요즘 일본식 소고기 구이점에서 개인화로를 사용해서 기호에 맞는 굽기 정도로 먹는 방법은 좋은 구이법이라고 생각한다. 큰 불판에 큰 덩어리를 올려놓고 가위로 잘라서 나눠 먹다 보면 초반에는 태우지 않지만 시간이 지나면 타는 고기가 생겨 낭패를 보는 경우도 많다. 대형 고깃집이 서서히 저물고 내가 먹을 고기를 개인 취향대로 구워 먹는 일인 화로집이 요즘 늘고 있는 현상도 이러한 개인 취향이 반영된 것일지도 모른다.

3) 불판은 충분히 달궈야 한다

일단 고기를 구울 때는 불판이 충분히 달궈져야 한다. 특히 숯불이 아니고 무쇠불판이나 금속불판을 쓰는 경우, 충분한 열로 골고루 잘 달궈졌는지 확인해봐야 한다. 손을 대서는 알 수 없으므로 고기 전문점에서는 온도계로 약 260도를 전후한 온도로 가열해 고기를 굽는 곳을 요즘은 자주 볼 수 있다. 불판은 두꺼울수록 좋다. 그래야 불판 전체를 고기가 덮더라도 온도가 쉽게 내려가지 않고 잘 구울 수 있기 때문이다. 불판이 충분히 달아올랐다는 신호는 고기를 올렸을 때 '치익' 하는 소리가 나는 것이다. 고기의 두께에 따라 조금씩 다르지만 스테이크처럼 두꺼운 고기를 구울 때는 더욱 중요하다. 온도가 낮으면 굽는 것이 아니라 삶은 것과 비슷한 효과가 나타난다. 따라서 구이를 제대로 즐기고 싶은 사람은 온도가 중요하다. 온도가 올라가야 겉은 바삭하고 속은 촉촉한 상태의 고기를 먹을 수 있다. 특히 고기의 맛은 마이야르(Maillard) 반응에 의해 배가된다. 마이야르 반응은 프랑스의 의사 겸 화학자인 루이 카미유 마이야르가 1912년 발견해 공표한 화학반응으로 식품을 가열　조리할 때 나는 갈변현상과 향기 생성에 관여하는 반응이다. 즉 고기를 노릇하게 만드는 맛있는 반응이다. 식빵이나 커피도 이러한 마이야르 반응으로 구수하고 풍미가 깊어져서 맛있어진다.

4) 고기는 얼마나 뒤집어야 할까?

고기는 딱 한 번만 뒤집어야 한다는 의견도 많이 있다. 그러나 정답은 고기의 가장자리를 슬쩍슬쩍 들어서 보면서 타지 않고 노릇하게 구워졌을 때 뒤집어주는 것이 좋다. 불의 종류가 다르므로 온도도 다르다. 그래서 고기를 맛있게 굽는 데는 고도의 테크닉이 필요하다. 고기는 타면 맛이 없으므로 미리 뒤적이며 상태를 확인해야 한다. 또한 고기 표면 쪽으로 육즙이 올라와 방울이 맺히면 뒤집어도 된다. 이미 충분히 열이 가해져서 아래쪽이 익고 있다는 신호다. 그리고 다시 한번 뒤집어가면서 구우면 태우는 실수를 할 일이 별로 없다. 단 숙달이 되면 자주 뒤적여보지 않더라도 감이 오는 때가 있다. 앞서 언급한 마이야르 반응에 의해 고기의 표면이 노릇하게 구워지면서 미세한 지방이 표면에서 지글거리는 현상을 보이면 제대로 구워지고 있는 것이다. 여기서 조금 더 센 불로 오래 구우면 고기 표면의 수분과 지방이 완전히 말라버려서 타는 경우가 있으므로 주의해야 한다. 특히 숯불은 숯의 특성과 상태, 숯이 놓인 위치에 따라 같은 화로 내에서도 불의 세기가 다르므로 자주 뒤집어 고기를 태우는 일이 없도록 주의해야 한다. 고기를 잘 굽는 사람들도 숯불화로에서 실수하는 경우가 많고 이야기에 집중하는 경우 태우는 경우가 많다. 잘 모르겠으면 마늘을 같이 올려 구우면서 불의 세기를 가늠해보면 좋다.

고기를 구울 때는 마이야르 반응과 더불어 캐러멜화 반응(Caramelization)이 일어나는데 이는 당분이 복잡한 화학반응들로 인해 중합체가 형성돼 음식의 색이 점점 갈색으로 변하면서 단맛이나 다른 풍미가 증가되는 반응을 말한다. 마이야르 반응이 단백질이나 아미노산 위주로 일어나는 반응임에 비해 캐러멜화 반응은 당 성분의 작용이다.

5) 소고기는 빠르게 구워야 부드럽다

소고기는 돼지고기에 비해 열에 의한 단백질 변성현상이 더 심하다. 따라서 단백질에 열이 가해지면 수분과 지방이 머물 곳이 더 빨리 없어지므로 육즙이 빨리 배출된다. 따라서 소고기를 구울 때는 이러한 특성을 감안해야 한다. 아마도 고기를 한 번만 뒤집어야 한다는 이야기가 나온 배경이 바로 값비싼 소고기를 실수 없이 구워서 맛있게 먹기 위한 것이 아니었나 하는 생각이 든다. 특히 소고기를 숯불에 구울 때는 좀 더 세심한 주의를 기울여야 한다. 지방이 많이 없는 부위를 구울 때에는 불의 세기를 눈으로 확인해야 하는데 숯불의 경우 쉽지는 않다. 또한 숯불은 수분을 빠르게 증발시키는 직화열이 강하므로 고기가 익으면서 쉽게 건조되는 경향이 있다. 따라서 소고기는 숯불보다 무쇠철판에 구워 먹는 것을 추천한다. 유명하고 오래된 식당에서 숯불 대신 무쇠철판을 고집하는 이유는 관리가 편하고 맛있기 때문이다. 실제 일본의 유명 식당도 숯불을 쓰지 않는 곳이 많이 있다. 일본식으로 구운 소고기에 고추냉이(와사비)와 소금만 살짝 찍어서 먹으면 느끼함이 없어지고 부드러운 고기의 씹는 맛과 육향을 느낄 수 있다.

6) 돼지고기의 맛은 적절한 지방비율에 있다

건강을 이유로 돼지고기를 구울 때 지방을 완전히 제거해버리고 굽는 경우를 본다. 특히 목살의 경우 대부분 지방 부위를 붙여서 파는 경우가 많다. 목살의 지방은 구웠을 때 꼬들한 맛과 함께 녹으면서 고기의 부드러움을 살려주기 때문에 지방이 있는 상태로 굽는 편이 훨씬 맛있다.

그리고 돼지고기의 지방은 불포화지방산이 많아서 건강에 오히려 이로운 작용을 하는 것으로 알려져 있다. 삼겹살을 구울 때도 지방과 고기가 적절하게 배합돼있어서 고소함과 부드러움을 배가시켜 준다. 삼겹살의 끝부분인 미추리살은 고기 비율이 높아서 돼지고기의 맛을 아는 사람들이 삼겹살을 훨씬 선호하는 이유가 여기에 있다. 돼지고기는 소고기에 비해 단백질 수축에 의한 육즙 손실이 상대적으로 적은 편이라서 소고기보다 좀 더 구워 먹어도 아주 딱딱해지지는 않는다. 그리고 삼겹살은 좀 바삭하게 구워서 먹으면 식감이 좋기 때문에 오래 굽는 경우가 많다. 대부분의 사람들이 돼지고기를 완전하게 익혀 먹으려고 하는 경향이 강하다. 과거에는 돼지고기를 바싹 익혀 먹지 않으면 위험하다는 것이 상식처럼 돼 있었다. 그러나 요즘은 돼지고기의 위생과 보관상태가 좋기 때문에 약간 레어로 먹어도 괜찮다. 그러나 우리의 식습관은 아직 완전히 바싹 익은 돼지고기를 더 선호하는 형태로 자리 잡았다. 최근에는 두꺼운 구이 형태가 조금씩 바뀌어 냉동 삼겹살처럼 얇게 구워 먹는 방법이 유행하고 있다. 바삭하게 씹히는 식감이 소비자들에게 다시 어필하고 있다. 유행은 패션만 돌고 도는 것이 아니라 음식에서도 마찬가지로 적용되는 것 같다. 냉동 삼겹살은 복고의 이미지도 있어서 요즘 같이 레트로 트렌드가 대세인 때 소비자 취향을 저격하고 있는 것 같다.

4. 식문화에 따른 고기유통 관행

마장동 식당 고기 거래의 방향과 방법을 알기 위해서는 우리나라의 식문화를 이해해야 한다. 우리나라는 미국, 중국과 비교하면 좁은 국토와 인구를 가진 작은 나라이지만 식문화의 성향은 다양하다.

한국의 음식은 조선시대 이전의 수도였던 개성과 조선의 수도였던 지금 서울의 음식을 기본으로 하고 있다. 특히 서울의 음식은 서민 음식과 반가 음식으로 나뉘는데, 그중 고기를 이용한 음식은 부자이고 기득권층인 반가 음식에 속했다.

반가 음식은 등심과 갈비를 사용했는데 갈비는 길게 갈빗살을 펴서 뼈와 함께 굽는 형태다. 반면 경상도는 갈비뼈를 모두 발라서 갈빗살로 모두 사용해 화로에 굽는 형태다. 전라도는 육사시미로 불리는 음식을 선호하는데 육사시미 용도의 부위는 우둔 방심살이다. 그래서 갈비나 등심보다 우둔 방심살이 가격 더 높게 형성돼있다.

그렇게 서울의 식문화는 이 반가 음식과 궁중 음식의 영향을 받아 발전했고, 궁중의 식재료를 공급하던 경기도 지방 또한 서울 음식의 영향을 받아 발전했다.

한편, 지방 음식은 충청도 천안을 기준으로 전라도 음식과 경상도 음식으로 나뉜다. 이렇게 나뉜 음식은 고기를 이용하는 음식에서도 다르게 발전했다. 서울은 화로를 이용한 구이용으로 발전했고 전라도는 육회 중심으로 발전했으며 경상북도는 육회와 구이, 경상도는 국밥과 구이용으로 발전했다(서울과 경상도 모두 구이용이 발전했는데 구이용으로 사용하는 부위가 다르게 발전했다).

이런 이유로 서울에서 소비가 많은 갈비와 등심이 전라도에서 서울로 공급되고 있다. 서울의 갈비 중 생갈비는 전라도의 갈비를 사용하고 양념 갈비는 수입육으로 대체됐다. 그리고 서울의 일부 갈비는 경상도로 공급되고 경상도의 등심은 서울로 오게 된다. 이 때문에 서울은 구이용(화로, 불판) 부위가 부족한 상황이고 경상도는 갈비가, 전라도는 방심살이 부족한 상황이다.

이에 따라 서울에 위치한 마장동 정육 식당은 구이용의 고기가 부족한 것을 채우기 위해 마블링 높은 고기의 모든 부위를 구이용 고기로 생산하고 전라도와 경상도에서 생산되는 고기 중 등심 및 구이용에 적합한 모든 부위를 마장동으로 유입하게 하고 마장동 시장 내의 소규모 한우 포장 업체에서 구매하고 있다.

그리고 마장동에서 구이용 고기를 많이 생산하던 업체는 이제 마장동을 떠나 지방에서 생산하여 대형 유통업체에 공급하고 있다. 그래서 마장동 정육 식당의 고기는 마장동 시장의 업체와 전국의 생산업체를 통해 구매가 이뤄지고 있으며, 소비자가 집에서 먹기 위해 유통되는 부위와 정육식당에서 먹는 고기 부위가 동일하다고 볼 수 있다.

추가적으로 경상북도 대구 지방도 전라도와 같이 방심을 이용한 육사시미가 선호된다. 같은 육사시미지만 경상도는 한우의 황소 방심을, 전라도는 한우 암소의 방심을 사용한다. 그런데 우리나라의 등급제도에 따른 규정으로 인해 육사시미 메뉴가 사라질 뻔한 일도 있었다. 다행히 지방의 식문화에 따른 유통 과정을 인정해 제도의 일부 예외 규정을 설정해 메뉴를 존치하게 했다.

5. 시기와 목적에 맞는 고기 섭취

과거 키가 작았던 우리나라 및 동양인들이 육류 섭취를 통해 신체 발달이 됐음은 모두 알고 있는 사실이다. 그런데 이제는 못 먹는 시대가 아니라 너무 많이 먹어서 문제가 되는 시대다. 그래서 어떤 이는 채식이 장수의 길이라고 말하기도 한다. 하지만 내가 생각하기에 이것은 매우 극단적으로 이야기한 것으로, 육류가 성인병의 근원이라는 것에 대해 동의할 수 없다.

고기는 인생을 살아가는 동안에 꼭 섭취해야 할 동물성 단백질이고, 동물성 지방이다. 물론 적절한 시기에 적절한 양을 적절한 방법으로 섭취해야 한다. 그렇기에 이것은 외식산업과 함께 연구하고 발전시켜야 할 과제다.

성장하고 살아가면서 동물성 단백질은 꼭 필요하다. 누구나 태어나고 죽는 것은 동일하며, 영유아기부터 성인이 되는 시기 또한 동일하게 지나간다. 그러나 성인이 되고부터는 성인 되기 전의 식습관이 성인이 된 후의 남은 시간 모습의 결과로 나타난다. 그렇게 성인이 된 후 사회생활의 식습관이 노년기의 모습과 기간을 결정한다. 노년기의 건강함은 근육 힘과 비례한다고 볼 수 있다. 근육은 보이는 근육이 다가 아니다. 보이지 않는 내장의 근육도 근육인데, 이 모든 근육의 기본은 단백질이다. 그래서 고기의 섭취는 매우 중요하다.

그동안 나는 이런 관점에서 고기의 섭취의 필요성을 생각해봤다. 고기의 섭취 시기는 영유아기, 유년기, 청소년기, 사회인, 노인기 등으로 우선 나눌 수 있다.

영유아기에는 태어나서 6개월 정도 되면 이유식을 통해 동물성 단백질을 꼭 섭취해야 한다. 고기를 섭취하는 이유는 철분을 공급하기 위함이다. 철분은 피를 공급하기 위해 꼭 필요한 요소이고 이때는 뇌가 가장 많이 자라는 시기이기 때문이라고 생각된다. 하지만 이 시기에는 아이에게 소화력 및 저작 능력이 없기에 주로 부드러운 고기를 다져서 채소와 함께 먹인다. 그래서 유아기의 고기 부위는 부드러운 안심 또는 살코기 즉 힘줄이나 근막이 없는 부위가 좋다.

유년기에는 뇌와 뼈가 성장을 하기 위해 동물성 지방과 근육을 자라게 하는 단백질이 필요하다. 하지만 보통은 느끼한 것은 좋아하지 않고 부드럽고 담백한 것을 좋아하는 시기이기에, 이때의 요리는 볶음 요리와 구이 요리가 좋다.

청소년기는 식욕이 매우 왕성한 시기다. 뼈가 자라고 근육이 자라는 빨라지고 학업을 위해 뇌를 사용하는 등 에너지가 매우 많이 사용되는 시기다. 그래서 신체 발육과 뇌에 도움이 되는 재료와 함께 섭취하는 음식이 좋다. 이때는 튀김 요리보다 구이용 요리가 좋다고 생각한다.

그리고 성인이 되고 사회인이 되면 스트레스를 해소하기 위한 적당한 양의 고기 섭취가 필요한데, 무엇을 먹든, 어떻게 먹든 적절하게 먹으면 모두 좋다. 각자의 체질과 건강을 고려해 적절하게 고기를 섭취하면 된다.

노년기에는 지방이 적은 부위로, 저하된 소화력에 맞는 요리와 부위를 선택하는 것이 좋다. 노인에게는 지방이 적고 순 단백질이 많은 부위와 소화가 잘되는 조리법으로 음식을 만들어 섭취하는 것이 좋다.
이 밖에도 고기는 예방의학 차원에서 가족력을 고려해 아이 때부터 식습관을 고려, 섭취해야 한다. 그리고 사실 무엇보다 가장 중요한 것은 적당한 양을 먹는 것이다.

6. 고기의 유통 과정과 가격 형성

고기의 유통 과정에 대해 이미 나와 있는 자료는 현실과 맞지 않는다고 생각한다. 항상 매체에서 고기 가격이 비싼 이유가 복잡한 유통 구조 때문이라고 이야기한다. 그러면서 생산자는 이익이 적은데 소비자는 비싸게 사고 중간의 유통상이 모든 이익을 가져간다고 이야기한다.

하지만 이는 실상을 잘 모르는 기자들이 유통의 겉만 보고 써내려간 기사의 결과다. 상식적으로 봐도 생뚱맞은 유통 과정이 필요 없이 들어있는 경우는 없다. 누구보다 원가에 대해 민감한 제품을 다루는 업종에서 종사하는 사람들이 필요도 없는 유통단계를 없애는 노력을 안 해봤을까?

이해의 함정이 있는 지점은 바로 여기다. 농가에서 도축장으로, 다시 육가공장으로 이어지는 일련의 과정은 유통이 아니라 고기를 생산하는 과정이다. 이를 유통 과정으로 친다면 농산물에 비해 두 단계나 더 많은 유통 과정을 거친다고 이해할 수밖에 없다. 농산물이나 과일은 수확하면 바로 유통이 가능하지만 축산물은 도축과 해체 과정을 거치지 않으면 유통할 수 없다. 그래서 고기가 유통되기 위해서 꼭 필요한 것이 고기를 도축하고 해체하는 과정이다. 이 과정에서 발생하는 비용은 필수 비용이다. 그리고 또 하나의 필수 비용이 있다. 중간상 역할을 하는 식육 포장 처리업체(1차 육가공업체)이다. 이들은 도매상의 위치를 겸하고 있다. 이들은 국내 소비자의 소비의 다양한 수요를 충족시키는 역할을 한다. 지역마다 다른 식문화로 인해 고기의 소비 부위가 다르다. 또한 계절에 따른 소비 부위가 또 다르다. 이런 고기의 여러 부위를 모두 소비하기 위한 조절 역할과 분배 역할을 하고 있다. 또 소비자에 안전한 먹거리를 제공하기 위한 정보 전달 역할과 소비자의 욕구와 요구를 생산자에게 전달해 생산의 발전 방향을 제시하는 역할도 함께 하고 있다. 이처럼 고기의 유통 과정에는 절대 중간에 불필요한 유통 과정이 끼어 있지 않다. 이 역할에 대한 비용을 유통의 필수 비용으로 인정하는 자세가 반드시 필요하다.

유통 구조는 '생산자-중간상-도매상-소매상-소비자'로 과거나 현재나 동일하다. 즉, 가격을 올라가게 한 것은 유통 구조가 아니라, 이익의 구조다. 물론, 고기의 저장성이 높았던 냉동육 유통 시절에는 중간 유통상이 손익을 가장 많이 가져 간것은 사실이다. 하지만 냉장육이 활성화된 현재 고기의 유통 과정에서 현재 수익이 가장 높은 곳은 생산자다. 국가의 농업정책이 생산자 이익의 극대화와 관리 편리성에 맞춰짐에 따라, 거대 자본 세력이 만들어졌다. 이에 따라 최초 공급자인 생산자가 유통업자의 기능을 동시에 수행하게 됐기 때문이다(이때 수익이 가장 높은 생산자는 다수의 생산자가 아닌, 생산자를 표방하는 거대 자본자다. 다수의 생산자는 거대 자본을 가진 대기업에 속한 소작농이 됐다. 축산 중 아직 거대 자본에 예속되지 않은 분야는 우육, 즉 소고기 분야뿐이다).

그리고 정보 통신의 발달에 따라 생산자 단체는 시장의 고기 유통량을 조절하는 기능을 하고 있다. 즉, 고기의 가격을 결정하는 것을 생산자들이 하고 있다는 말이다. 시장의 가격 형성은 수요와 공급의 원칙에 따라야 하는데 공급자인 생산자가 공급을 조절하는 능력을 갖게 되면 시장의 가격은 왜곡될 수밖에 없다.

좀 더 자세히 알아보면, 국내산 고기의 가격 형성은 우선 농협이 위탁 운영하는 경매 시장의 시세에서 출발한다. 그리고 식육 포장 처리업체의 유통 비용과 수요시장의 소비량에 따라 소비되는 부위의 공급과 소비 수량에 따라 가격이 형성된다. 부분적으로는 정보의 불균형으로 시장가격이 왜곡되는 경우도 있다. 그러나 장기적으로 수급의 영향으로 가격이 제자리를 찾아간다. 그러나 고기 생산 단계에서 왜곡된 가격으로 결정돼버리면 수급상황과 맞지 않는 가격으로 유통될 수밖에 없다. 소비 부족으로 시중가격이 하락하더라도 도매가격은 이를 반영하지 못하는 경우에 중간상 역할을 하는 식육 포장 처리업체는 이를 견디기 어려워진다. 결국 승자는 없는 게임에서 중간상이 힘들어지는 경우도 실제 많이 발생한다. 이는 소비자를 상대로 하는 식당의 메뉴 가격이 수급

상황을 반영하는 기능이 없이 고정되어 있기 때문이다. 이것이 고기의 가격이 매우 높게 만드는 원인이 되고 있다.

Part 3

저자가

살아온

이야기

1. 낡은 칼 한 자루로 마장동에 뛰어들다

한눈에 보는 최영일의 이력

10대

- 17세에 사회생활 시작(1985년~)

20대

- 일찍 접어버린 공부에 대한 미련을 버리지 못해 봉제업을 하면서 야학 1년과 수도학원 새벽반 1년을 다니며 검정고시를 마침
- 봉제업에 종사하던 중 색약임을 알고, 성공하기 어려움을 깨달음
- 새벽에 출근해 오전 중에 퇴근하는 도매 시장의 특성상 공부를 계속할 수 있으리라고 생각해 마장동에 입성
- 시장 일과 함께 대학 준비 중 아버지가 돌아가시고, 가족의 생계를 책임지는 게 우선이라 생각해 생업에 전념함
- 우여곡절 끝에 1994년 농협 식육기술학교 1기 수료

30대

- 사업에 매진하면서 틈틈이 외부 교육과정을 수료해 이론 수업

40대 후반

- 건국대학교 즉석식육가공유통전문가 과정 수료(2015년)
- 현재 건국대학교 식육과정 총동문회 수석부회장을 맡고 있음

50대 초반

- 약선 요리 과정 수료(외식업)
- 서울대학교 식품 및 외식산업보건 최고경영자과정 수료
- 경희대학교 사이버 대학교 졸업 예정(2020년)

저자의 성장 배경

내가 태어난 곳은 경기도 포천시 신북면 금동리다. 지금은 허브아일랜드와 신북 온천으로 유명한 곳이지만, 내가 자라던 시기에는 눈이나 비가 많이 오면 차가 다니지 않을 정도였고 초등학교는 4km, 중학교는 16km나 떨어져 있는 외딴 시골이었다. 포천시 신북면은 배고픈 어린 시절을 보낸 고향이라 지금 생각해도 아련한 느낌이 나는 곳이고, 옛 친구들과 그때를 종종 회상하곤 한다. 이처럼 고향이 시골인 덕분에 자연에 대한 친근함을 느끼고 자라났으며, 지금도 소박한 자연이 좋아 목장을 하고 싶은 생각도 하고 있다.

한편, 내 성장 배경을 말함에 있어서 나의 인생에 가장 많은 영향을 끼쳤던 아버지의 이야기를 안 할 수 없겠다. 강원도 철원 백마고지 아래가 고향이신 아버지는 6.25 전쟁과 1.4 후퇴 때 당신의 아버지와 어머니(나에게는 할아버지와 할머니)를 모두 여의시고 어린 작은아버지 세 분과 월남하신 분이다. 남한으로 내려오실 때의 나이가 중학생이셨다고 한다. 그 후 아버지는 군대를 다녀오신 후 하반신 마비로 인한 장애 2급을 안고 힘겹게 살아오셔야 했다. 하지만 지금 돌이켜보면, 어린 시절 아버지와 함께 청량리에서 리어카를 밀며 음료수와 빵을 팔던 시절이 오히려 따스했고, 지금 사업을 하면서 어려움을 이겨내게 해주는 밑천이 돼주는 것 같다.

그 밑천 중 하나에는 아버지의 가르침도 포함된다. 이 시대의 부모님은 모두 동일하셨을 것이지만, 아버지는 특히 가난을 이기기 위해 공부를 해야 한다고 늘 강조하셨다. 그래서인지 아버지 당신의 힘으로 아들을 교육시키기에 경제적으로 어려운 것을 매우 속상해하셨다. 하지만 아버지는 나에게 공부보다도 더 귀한, 세상을 살아가는 방법을 몸소 가르쳐주셨다.

특히 예의를 매우 중하게 여기셨고, 장남인 나에게 장남의 의무와 권위를 엄하게 가르치셨다. 그리고 여기에는 형제의 사랑과 우애도 포함돼 있었다. 콩 한 쪽도 나눠 먹으라는 것이 아버지의 당부이셨다. 형은 동생들을 돌봐야 한다는 것, 이것이 지금의 나를 있게 한 것이다. 그리고 동생들에게는 형의 말에 순종하기를 가르치셨다. 동생들이 나와 함께 사업을 하면서 나의 말에 잘 따라주는 것은 아버지의 교육 때문이라고 생각한다.

이렇듯 나는 어려운 가정환경이었지만 주위의 많은 사람의 보이지 않는 손길을 통해 중학교를 겨우 마칠 수 있었다. 그러나 고등학교까지는 도저히 학비를 낼 형편이 되지 않아, 1985년 3월에 중학교 2학년의 동생과 서울로 상경했다.

서울로 상경해 처음 인력소개소에서 2만 원에 넘겨진 곳이 중국집이었다. 지금도 중국집에 가면 그때 생각이 종종 나곤 한다. 그렇게 1달 정도 중국집에서 일했다.

그 후, 1991년까지 봉제 공장에서 속칭 미싱 시다 일을 몇 달 했는데 워낙 어려서 했던 일이라 큰 고생으로 느껴지지는 않았다. 지금 아무리 힘들고 어려운 일을 하더라도 잘 참고 이겨내는 훈련은 이때 이뤄진 것 같다.

빈곤한 가정형편으로 인해 배움에 대한 갈증이 남보다 심했었다(그래서 지금까지도 바쁜 와중에 시간을 쪼개서 학교를 다니고 외부과정을 다니며 공부하고 있는 것 같다). 그렇게 공부에 대한 미련을 버리지 못한 나는 봉제업에 종사하는 동한 검정고시로 고등학교를 졸업하게 됐다. 이 시절 야학과 검정고시를 준비하면서 짬을 내서 읽던 독서습관이 지금도 배어있어서 사업에 도움이 되는 잡지나 책을 자주 보는 것이 많은 도움이 되는 것 같다.

그렇게 봉제 공장을 다니면서 나의 가게를 개업하기 위한 방안을 검토하던 중, 나의 신체조건(색약)과 재능(디자인을 하기 위한 스케치)이 봉제와는 맞지 않음을 알고, 그만두고서 대학 진학을 준비하게 됐다. 이때, 공부를 하기 위해 일자리로 선택한 곳이 마장동 축산물 시장이었다. 새벽에 출근해 오전에 퇴근하는 축산물 도매 시장의 특성은 일을 하며 대학 진학을 준비하기에 제격인 곳이었다. 그렇게 새벽일을 시작한 마장동의 새벽 공기는 지금도 예전과 다르지 않다. 힘든 나의 삶의 터전이 되어준 곳에 대한 고마움을 아직도 가지고 있다.

축산업과 함께 대학 준비 중, 아버지가 돌아가시고 나니 가장으로서 대학 진학보다는 생업에 전념하는 것이 우선이라는 생각이 들었다. 그래서 대학 진학을 위한 공부를 잠시 포기하고 축산물에 대한 발골 기술을 익히고 생산관리 재고 관리에 필요한 공부를 시작하게 됐다.

이때, 다행히 도드람이라는(1992~1994) 회사의 창설 멤버로 현장에서 일하며 생산관리를 하게 되고 회사의 배려로 식육 기술학교 1기를 수료하고 각종 세미나에 발골 시범자로 참석하며 축산물의 현황 및 전망을 보게 됐다. 이때부터 나의 회사를 만들기 위해 항상 사장의 입장에서 모든 상황을 보는 습관을 가지려고 했다.

하지만 도드람(당시 마장동에서 이천으로 이전) 회사가 성장하면서 현장 관리자가 학력이 잘 갖춰진 업계 경력자로 채워지고 현장의 한 기술자로 남게 된 나는 도드람을 그만두고 마장동의 한우를 다루는 회사로 이직하게 됐다(1994~2002). 어쩌면 지금 학력에 대한 열정을 채우고 있는 가장 큰 이유가 이 부분이지 않나 싶다.

이직한 회사에서 한우를 다루는 동안 산지의 축산물 도매시장의 구매, 도축, 가공과 도매 유통 흐름을 배우게 됐다. 2002년에는 그렇게 다니던 회사를 그만두고 막냇동생과 돈육 포장 처리업을 시작했다.

50대가 된 지금도 배우는 일이 재미있어 학사를 취득(2020년 예정)하고도 계속 공부를 할 예정이다. 요즘 오프라인 모임에서 사람을 사귀고 만나는 일이 즐겁고, 함께 활동하면서 살아있음을 느끼는 것 같다. 최근에는 골프를 치고 있는데, 골프를 치며 만나게 되는 새로운 사람과 인생을 돌아보는 기회를 가지고 있다. 이를 통해 나는 아직도 하고 싶은 일이 많으며, 해야 할 것이 많다는 것을 느낀다.

특히 요즘 가장 행복한 일은 두 가지가 있는데, 첫 번째는 내 아이들에게 부족함 없이 뭔가를 해주고 있다는 생각에 즐거움을 느끼고 있다. 어린 시절의 나는 어려움을 겪고 자라다 보니 하고 싶은 것을 못하는 것은 당연한 일이었고, 이 때문에 특별한 무언가를 바라는 것이 아니라 평범함에 대한 가치를 누구보다 뼈저리게 동경했다. 그런데 지금은 열심히 노력하여 이룬 결과로 인해 나는 내가 그토록 꿈꾸던 평범한 가정을 꾸린 가장이 된 것이다. 나의 아이들은 나와 다르게, 적어도 하고 싶은 것들을 할 수 있다는 사실이 아직도 감사하다.

두 번째로는, 복지시설에 정기적인 고기 기부 활동을 하면서 사업하는 기쁨을 느끼고 있다. 어린 시절, 아버지의 장애를 봐왔기 때문에 누구보다 장애의 설움을 알고 있었다. 그리고 자라나면서 이유 없이 도와주는 이웃이 있었기에 지금의 내가 있고, 세상을 삐뚤어지지 않고 따스하게 바라보게 됐다고 생각한다. 따라서 언젠가 여유가 생긴다면 장애를 가진 사람, 사정이 어려운 사람들을 돕는 일을 반드시 하고 싶었다. 그리하여 여유가 생기자마자 그들을 실질적으로 돕는 일을 하고 있는데, 이는 내가 지금도 일을 하고 있고, 앞으로도 일을 해야 할 원동력이 아닌가 싶다.

2017년부터 사단법인 미스코리아 녹원회가 후원하는 지역아동센터에 장학금을 지원하고, 고기를 기부하는 활동을 했다. 성장기에 필요한 단백질을 제때 먹을 수 있어야 키도 크고 성장에도 도움이 된다는 생각을 가지고 있었는데 마침 계기가 돼 기부활동에 참여할 수 있었다. 앞으로도 기회가 닿으면 지속적으로 도움이 되는 일을 할 예정이다.

〈기부행사에 함께한 사단법인 미스코리아 녹원회 권민중(中), 이은희씨(右)와 함께〉

2. 최박사의 경영철학

1) 경영철학

(1) 사업성보다 고객을 대하는 사장의 마인드가 중요하다

첫째, 항상 판매자의 입장이 아닌, 고객의 입장에서 생각해야 한다. 즉, 다양한 각 거래처의 요구에 맞춰 제품을 생산하는 것이다. 예를 들면 같은 삼겹살을 팔더라도 용도별로 구분해 판매해야 한다. 보쌈 수육용 삼겹살은 장례식장, 보쌈 및 편육 전문집, 고기 주는 국숫집에 판매하고 김장철은 특별한 수요처를 개발한다. 외식업체와 거래할 때는 삼겹살 구이 전문점, 소매 정육점용 등 거래처별로 용도에 맞는 제안을 해야 한다. 내가 팔고 싶은 제품을 기준으로 업체를 찾는 것이 아니다. 오히려 거래업체에서 필요로 하는 물건을 어떻게 하면 유리한 가격으로 제안해 그 업체의 문제를 해결해줄 것인지 고민해야 한다. 사장의 마인드가 시장 수요를 따라가는 방법은 고전적이지만 여전히 유효한 방법이다.

둘째, 고객의 매출 활성화를 위해 함께 고민하고 공부해야 한다. 예를 들어 세무 관련, 위생 관련, 사고 관련, 노무 관련, 소송분쟁에 관한 것과 같이 고객에게 고기만 파는 것이 아닌 고객의 다양한 문제를 함께 고민해야 한다. 사장은 제품 영업 외에도 다양한 고객의 고민을 해결해주려는 마인드를 가지고 고객을 상대해야 오래도록 관계를 유지할 수 있다.

셋째, 오래가는 파트너십을 전제로 한다. 일반적으로 보면 파는 사람은 영원한 '을'이고 사는 사람은 언제까지나 '갑'인 관계를 생각하기 쉽다. 하지만 거래를 하다 보면 때때로 이러한 구분이 없어지는 때가 많다. 특히 축산 유통에서는 다른 곳에서 보기 힘든 장면이 자주 벌어진다. 돼지고기나 소고기, 닭고기는 생물이라 파동이 날 때가 있다. 어떤 때는 돈이 있어도 물건을 살 수 없는 경우가 생긴다. 시장에 물건이 모자라는 경우다. 이때는 돈을 내고 사는 사람이 을의 입장에 서게 된다. 물건을 가진 사람이 갑의 입장에서 물건값을 쥐락펴락하는 때가 있다는 말이다. 오래가는 파트너십을 생각하고 거래를 한다면 한두 번의 거래로 이윤을 크게 남기려는 생각을 잘 하지 않는다. 그래서 오래된 거래처일수록 사고파는 관계이지만 일반적인 갑을관계를 벗어난 끈끈한 파트너십을 유지하게 된다. 그래서 잘되는 유통회사의 사장은 사고가 유연한 경우를 많이 볼 수 있다. 내 물건을 가져가면서도 구매자가 한 번에 결제하지 못하는 경우 파는 사람이 신용거래를 해준다면 구매자로서는 가뭄의 단비 같은 도움을 받게 될 수도 있는 것이다.

(2) 좋은 대우를 하면 직원들도 내 일처럼 일한다

복종이 아닌 순종하는 직원들과 함께하는 환경을 만들어야 한다. 경제적인 이익보다, '가족처럼'이 아닌 '가족으로' 함께 해야 한다. 고객이 왕이라는 말이 있었다. 오너에게만 해당하는 말이다. 직원은 직원이기 이전에 고객이다. 직원이 우선적인 고객이라면 직원도 왕이다. 그렇다고 직원을 고객으로 대할 수는 없는 것이라 생각한다. 회사는 왕궁이다. 직원도 왕이고 사장도 왕이다. 우리는 왕족인 것이다.

가족은 상하복종 관계가 아니다. 복종과 순종의 의미를 찾아보자.

〈복종〉 : 개인의 의지와는 상관없이 권위자의 명령에 따름

〈순종〉 : 순순히 따름

복종은 자신의 의지와 상관이 없기에 행복이 없다.

순종은 자신의 의지로 하기에 행복이 있다. 이것이 복종과 순종의 다름이다.

우리가 인생에서 가장 행복을 느꼈던 때를 기억해보자.

공통적으로 사랑을 할 때 행복을 느꼈다고 할 것이다.

엄마가 아이에게 아이가 원하는 것을 줄 때 가장 행복한 모습이라고 말들을 한다. 그리고 애인이 기쁘면 나는 더 행복하지 않았던가 생각이 된다.

직원을 애인 사랑하는 것처럼 사랑해야 한다.

직원들과 함께하기 위해 끊임없이 공부하고 노력해야 한다. 사장의 가장 중요한 직무는 직원이 만족하면서 최고의 성과를 낼 수 있도록 환경

을 만들어 주는 데에 있다. 일을 열심히 할 결심과 결의를 다지는 방법은 오래가기 어렵다. 직원들은 아주 많은 것을 바라지는 않는다. 동종업계의 다른 회사의 직원 대우 수준과 비교하는 것이 합리적이라는 생각은 기본적인 상식을 가진 직원들은 누구나 한다. 그리고 사장은 동종업계의 관행적인 인센티브나 휴일근무수당, 경조사, 휴가, 자기계발 등 다양한 급여 외의 대우나 조건들도 끊임없이 모니터링해야 한다. 그리고 웬만하면 동종업계 경쟁사의 조건보다 나은 보상 시스템을 만들려고 노력해야 한다.

최고의 대우를 해주기 위해서는 일단 최고의 실적을 낼 수 있는 시스템을 먼저 만들어줘야 한다. 일할 수 있는 환경을 만드는 것이 먼저다. 실적을 내기 위해 함께 노력하는 것은 그다음이다. 직원의 몫을 더 가져가서 회사가 성장하는 경우는 별로 보지 못했다. 회계 관리 시스템이 투명해지고 사회 전체적으로도 공정한 분배가 화두로 떠올랐기 때문에 회사가 할 수 있는 최선을 제시하는 정책을 수립해 직원의 공감을 얻어야 한다. 자부심 있는 직원이 자신감을 갖는 것은 당연하다. 단, 그 실적을 내기 위해서는 필요한 일을 해내는 것을 요구할 수 있어야 한다. 직원들도 본능적으로 안다. 더 나은 대우를 받는 환경을 만드는 것은 바로 다름 아닌 자신들이라는 사실을 말이다.

(3) 예의 바른 사람은 실수하지 않는다

예의를 배우기 전에 알아야 할 환대라는 말이 있다. 예의가 겉으로 드러나 보이는 부분의 강조라면, 환대는 예의를 갖춰 대하기 이전에 마음

속에 품게 되는 기본정신일 것이다. 일본에서는 '오모테나시'라는 말로 일본인의 철저한 환대 서비스 정신을 말한다. 음식 장사에서 가장 중요하게 요구되는 항목이다. 환대는 '반갑게 맞아 정성껏 후하게 대접함'이라는 뜻이다. 예를 갖춘다는 것은 환대 정신이 뼛속까지 스며든 모습이라고 생각 한다. 언제나 반갑게 맞이할 준비가 돼야 한다. 그리고 정성을 다해 감동하기까지의 대접을 위해 최선을 다해야 한다.
예의 바른 사람은 내면적인 예의가 겉으로 배어난 사람을 말한다. 사실 형식적으로 예의 바른 듯한 사람을 주변에서 많이 볼 수 있다. 함께 만나서 이야기할 때는 정말 매너가 좋은 사람이, 식당 직원에게는 심하게 하대하거나 눈살이 찌푸려질 정도의 질책을 하는 사람이 있다. 이런 사람은 예의 바른 사람이 아니라 예의라는 형식을 지키려는 사람이다.

어떤 분에게 들은 이야기를 소개한다. 그분은 "자기보다 열등한 포지션에 있는 사람을 대하는 매너를 보고 사람을 평가하는데, 수십 년 사업을 하면서 사람을 판단하는 데 크게 빗나가거나 틀린 적이 없었다"고 했다.

예의 바른 사람은 사업상 큰 실수를 저지르지 않을 뿐만 아니라 실수를 하더라도 바로 자신의 실수를 바로잡는 사람이다. 본인의 실수나 잘못을 인정하는 데 있어서 인색하지 않다. 실수를 인정하지 않으려 하면 자꾸 일이 꼬이고 실수가 실수를 부른다. 작은 실수를 덮으려고 거짓말을 해야 하고 한두 번의 거짓말은 더 큰 거짓말과 실수를 부른다.

예의 바른 사람은 자신의 부족함을 알기 때문에 남 앞에서 삼가는 태도를 보인다. 그래서 교만하거나 잘난 체하는 행동을 하는 경우는 거의 없다. 오히려 잘 모르기 때문에 오만하고 아는 체 나서기가 십상이다. 그래서 나는 예의 바르고 겸손한 사람을 좋아한다. 고기 장사 5년, 10년 한 사람에게는 고기판 시장이 만만해 보일지 모르지만 30~40년 이 사업을 하면서 사업을 성공시킨 사장들은 오히려 더 겸손하고 배우려는 사람들이 의외로 많다.

(4) 먼저 호의를 베풀어야 상대방이 마음을 연다

이솝우화 얘기다. 길을 가는 나그네의 옷을 벗기기 위해 태양과 바람이 내기를 했다. 나그네의 옷을 벗긴 것은 따스한 빛의 태양이었다. 이 세상이 바람과 같이 차갑다 못해 추워지면 마음의 옷을 겹겹이 닫을 것이다. 봄날의 햇빛은 여름의 햇빛보다 뜨겁진 않지만 겨우내 겹겹이 입은 옷을 벗기기에 충분하다. 호의는 경제적인 여유로 하는 것이 아니다. 마음의 여유로 하는 것이다.

나는 어려서 정말 끼니를 때우기 힘든 시절도 겪었다. 우리 가족과 아무런 인연이 없는 사람들의 도움 덕분에 어려운 시절을 헤쳐올 수 있었다. 그래서 일면식도 없는 사람에게 아무 조건 없이 베풀어 주는 행위가 주는 감동과 반향이 얼마나 큰 것인지 깨닫게 됐다.

모르는 사람에게도 호의를 베푸는 따뜻함이 이 사회에 있다는 것을 알게 되면서 어느 정도 여력이 생길 때마다 남을 돕는 일을 해왔다. 그때 처음 느낀 것은 호의를 베푸는 쪽이 훨씬 더 큰 행복감과 만족감을 느낀다는 것이다. 얼굴도 모르는 사람에게도 호의를 베풀 수 있는데 심지어 우리 회사를 돌아갈 수 있게 만들어주는 고객과 내부 고객(직원)에게 베풀지 못할 호의가 어디 있을까 하는 생각이 들었다.

한발 더 나아가 우리 회사를 잘 돌릴 수 있게 도움을 주는 직원들의 노고와 정성에 대해 작은 호의라도 베풀고 보답하는 것이 옳다는 것에 대해서는 이의가 없다. 다만 현재 상태에서 조금 더 나아지는 도약의 기쁨을 느낄 수 있다면 더 나은 조건을 제공할 수 있을 것이라 생각한다. 호의란 정말 대가나 반대급부를 염두에 둬서는 그 의미가 반의반도 미치지 못할 것이라는 생각을 해본다. 도움에 조건의 붙거나 호의에 보답이 붙어있어서는 진정한 의미의 도움이나 호의라고 하기 어려울 것이다. 그래서 상대편의 마음이 열리고 행복해진다면 얼마나 좋을까? 내 진심이 전달되고 열린 마음으로 대하는 직원과 고객사로 가득 메워지는 날을 그려본다.

(5) 좋은 고기로 장사하는 식당은 망하지 않는다

좋은 고기란 좋은 사람이 주는 고기다. 그리고 좋은 사람과 먹는 고기다. 그리고 함께하는 그 시간을 행복하게 하는 고기다.

지금은 무척 유명해진 돼지고기 프랜차이즈 브랜드인데 요즘 하락세에 접어들었다는 뉴스를 접했다. 초기에 그 프랜차이즈 회사가 매장이 몇 개 되지 않을 무렵에 그 회사의 의욕적인 젊은 대표를 만난 적이 있다.

사업에 대한 확고한 자신감과 성공에 대한 확신 그리고 열정이 느껴졌다. 이 시장에 뭔가 바람을 일으킬 수 있는 잠재력을 느낄 수 있었다. 나도 오래전 프랜차이즈 사업을 펼쳐본 경험이 있기 때문에 뭔가 감이 왔었다.

그리고 몇 년 지나지 않아서 그 브랜드의 간판을 단 가게가 서울을 비롯한 전국 곳곳에 오픈하기 시작했다. 그 젊은 대표는 자신감을 바탕으로 매스컴에 출연해 성공의 비결과 가맹광고를 전했다. 초기부터 고기를 납품하기 시작했는데 어느 순간부터 대표가 구매 담당에게 고기 구매를 전담시켰다. 그러고 나서는 품질보다 가격 위주로 매입을 진행하기 시작했다. 생고기를 파는 가게에서 고기의 질이 낮은 것을 선택한다는 것은 장기적으로 성공하는 사업으로 성장하기 어려운 법이다. 프랜차이즈 가맹점이 늘어나면 본사 직원도 늘어나고 자연스럽게 관리비용이 증가하게 된다. 그러면 자연스럽게 가장 원가 비중이 높은 원재료인 '고기'로 눈을 돌리게 된다. 그다음은 자연스러운 수순이다. 여러 업체를 납품업체로 선정해놓고 가격을 기준으로 고기를 납품받는다. 처음에 그 브랜드에 발을 들여놓은 고객들은 시간이 지나면 뭔가 달라짐을 발견한다. 특히 우리나라 손님들은 가게를 판단하는 통찰력이 있는 것 같다. 가게가 좀 잘되면 뭔가 부실해지는 식당을 너무 많이 경험했었기 때문에 그러한 촉이 좀 발달 된 것 같다. 그러한 이유로 식당은 하락세를 탔다고 한다. 자세한 내막을 알 수는 없지만 서브브랜드 런칭이 잘 안 돼서 본업까지 위태롭게 됐다는 이야기도 있다. 그러나 깊은 사정은 모른다. 하지만 내가 아는 한 좋은 고기를 고집하는 식당이 망하기는 쉽지 않다.

이태원의 유명 냉동 삼겹살집 사장님은 좋은 조건으로 대금을 결제하는 대신 품질에 문제가 있으면 엄청나게 납품업자를 힘들게 하신다. 그분처럼 고기 품질을 최우선으로 하는 매장은 앞으로도 계속해서 번창할 것이라고 믿는다.

(6) 싼 고기를 찾는 식당은 곧 내리막길을 걷는다

고기에 가치를 입혀라!
고기의 가격은 원육 시세에 의해 결정된다. 그러나 고기의 가치는 고기를 공급하는 이는 태도에 의해서 만들어진다. 고기를 대하는 식당 사장의 마음은 고기의 질로 나타나고 소비자들은 이를 본능적으로 알아차린다. 말과 글로 설명할 수는 없어도 이를 기가 막히게 직감하는 소비자들을 볼 때마다 마음 자세를 다시 하게 된다.

삼겹살 무한리필 시대가 거의 끝나간다. 값싼 유럽산 돼지고기를 들여와 싼 가격으로 승부하는 시장이 불과 몇 년 만에 막을 내리고 있다. 우리나라는 싸고 빠르게 먹는 고기 뷔페가 10년 주기로 생겼다가 사라지곤 한다. 싼 고기에 대한 로망이 들불처럼 생겼다가 이내 전성기가 끝나곤 한다. 싼 고깃집이 유행하는 원인 중에는 수입물량 적체가 있다. 일시적인 수급을 못 맞춰서 수요를 초과한 수량이 국내 냉동 창고에 쌓여 있다. 그 고기를 다 처분하려면 대량으로 소비할 곳을 찾아야 하는데 프랜차이즈를 열어서 소비하는 방법이 그중에 가장 빠르다고 생각했을 것이다.

그러나 시간이 지나서 덤핑물량으로 나온 재고가 다 처분되면 그다음부터는 제 가격으로 수입되는 고기를 써야 한다. 그 고기는 예전의 싼 단가로 조달이 불가능하다. 더 싼 수입산을 찾다 보면 냉동창고의 덤핑 물량을 찾아낼 수는 있겠지만, 그 물량은 한정돼있다. 또한 원가가 저렴한 고기를 기준으로 하면 고기의 품질이 균일할 수가 없다. 가격을 올려서라도 고기를 조달해와야 한다. 그러나 소비자 가격은 한번 세팅이 되면 올리기가 어렵다. 웬만한 식당도 아닌 무한리필 고깃집에서는 기본 요금을 인상하기가 힘들다. 가격 민감도가 큰 아이템이기 때문이다. 일이천 원만 비싸져도 젊은 손님들의 발길이 눈에 띄게 줄어든다. 그리고 한두 번 무한리필 집을 찾았던 젊은 층들도 싼 게 비지떡이라는 생각에 특별한 단체회식이 있는 날을 빼고는 잘 가지 않게 된다. 그러면 고깃집 매출이 내리막을 걷는 속도가 더 빨라지게 된다. 그래서 싼 고기로 승부하려는 프랜차이즈 식당은 한쪽에서는 오픈하면서 다른 쪽으로는 폐업하는 경우가 많다.

(7) 손님이 식당 주인보다 더 고기에 대해 잘 아는 경우가 많다

우리는 스마트 미디어 시대를 살고 있다. 스마트 미디어는 손님을 점점 똑똑하게 만들고 있다. 고기의 원육에 대해 많은 정보 채널을 통해 학습해 다양한 정보를 가지고 있다.

그래서 고객이 초보 식당 주인보다 더 잘 아는 경우가 있다. 그러므로 식당 주인은 소비자가 알면서 느끼지 못하는 고기의 가치를 만들어서 제공해야 한다. 그 가치는 소비자가 알고 있는 것을 확인해주는 것이다. 또는 고객이 정확히 알지 못하는 경우는 소신 있게 정보를 제공해야 한다. 이 경우 소비자의 손해 되는 부분을 중심적으로 전달해야 한다.

축산 유통일을 오래 하다 보니 업계 손님들 또는 업계 친구들과 고깃집에 고기 먹으러 가는 경우가 많다. 직업의식이 발동해서인지 고기를 내놓고 파는 집에 가서는 유심히 고기를 들여다보게 된다. 어떤 경우는 고기를 보고 있자면 뭔가 낌새를 알아차린 사장님이 경계의 눈초리를 보낼 때가 있다. 친구들에게 이런저런 고기에 대해 이야기를 나누고 있으면 식당 사장님이 왠지 긴장하는 경우도 자주 봤다. 이 경우는 내가 고기 사업자라는 사실을 아는 경우라서 고기를 내올 때 나름대로 신경을 좀 써서 내오는 것 같은 느낌을 받는다.

그러나 보통의 경우에는 자리에 앉아서 고기를 시키면 종업원이 고기를 들고 나와서 구워주거나 잘라주거나 한다. 그럴 때면 내가 주문한 고기가 제대로 나왔는지 확인하게 된다. 사실 서빙하는 직원들도 자기가 무슨 고기를 내와서 팔고 있는지 모르는 때가 더 많다. 어떤 경우는 등심을 시켰는데 전혀 엉뚱한 부위가 아래쪽에 섞여 있곤 하다. 고기를 많이 먹으러 다니는 손님들은 고기의 부위나 등급 정도를 대강 보기만 해도 알아차린다. 보통은 이것저것 컴플레인을 하면서 주문을 새로 하기도 하고 바꿔달라고 하기도 한다. 그러나 정말 무서운 사람들은 다 먹고 나서 카운터에서 사장이나 실장에게 장사 똑바로 하시라고 조용히 타이르고 가게를 나선다. 그 손님이 주변에 얼마나 많은 잠재고객에게 그 식당이 고기를 속여서 판다고 이야기하고 다닐지 알 수 없다. 몇 년 전 경영 칼럼에서 읽은 내용인데 만족한 손님은 조용하게 아무 말도 않지만 불만족한 손님은 최소한 8명의 지인에게 자신의 불만족스러웠던 경험을 전한다고 한다.

(8) '내 가족이 먹는 고기'라는 생각으로 사업에 임해야 한다

고기는 팔아도 양심은 팔지 말자. 고기는 음식의 중요한 재료다. 내 딸이 좋아하고 친구의 아들이 좋아하는 고기. 무엇보다 고기는 안전이 중요하다.

고기 파는 사람이다 보니 고기 얘기가 주된 철학이다. 어쩔 수 없는 직업의식이다. 필자는 고기를 매입할 때 기준이 내 가족이 먹을 고기 또는 우리 집사람이 사도 괜찮을 고기라는 확신이 있어야 사고파는 일을 시작한다.

필자가 10년도 넘게 거래하는 이태원의 유명한 냉동 삼겹살집이 있는데 그 매장 사장님은 거래 조건이 매우 까다롭기로 유명하다. 육가공 공장에서 떼온 바로 그 고기를 급속냉동으로 얼려서 만든 삼겹살만 사용한다. 칼을 더 대서 이리저리 정형한 흔적이 있는 삼겹살은 전량 반품한다. 그분은 인위적으로 성형하지 않은 고기를 파는 것이 사업 전략이라고 한다. 가격은 납품업자가 받고 싶은 대로 시장 가격으로 쳐주는 대신 내 가족이 먹을 고기라고 생각하고 골라서 매입하는 것을 원칙으로 하신다고 한다. 실제 미숙한 정형사가 그 사실을 모르고 조금 더 예쁘게 고기를 다듬어서 납품했다가 전량 클레임 처리를 한 적도 있다.

왜 그렇게까지 까다롭게 하시는지 물어볼 때마다 돌아오는 대답은 한결같았다. 가족들에게도 그런 고기만 사다가 먹이기 때문에 똑같은 원칙을 매장에서도 적응하는 것뿐이라는 답이다. 실제로 식당을 하는 분 중에 내 가족을 먹이는 음식을 만드는 심정으로 음식을 만들어 판다고 하시는 분도 많다.

어느 작은 식당 앞을 지나다가 본 식당 바깥에 쓰여있던 한 문장이 생각이 난다. "우리 아빠가 좋은 식당 찾다가 열 받아서 차린 식당" 지나가다가 웃어넘길 수도 있었지만 장난처럼 느껴지지 않았다. 바깥 유리창에 식당 사장님의 딸인 듯한 아이가 웃는 사진이 코팅돼있었다. 그 동네를 자주 갈 일이 없어서 들러보지는 못했지만 그 근처를 지나갈 때 한 번 들러서 먹어보고 싶은 생각이 드는 식당이다.

(9) 신용, 신용, 신용

10년의 공을 들여쌓은 탑도 무너지는 것은 한순간이다.
신뢰를 얻는 것도 중요하지만 신뢰를 유지하는 것은 더 중요하다. 신뢰를 얻으려면 진실이 숙성될 충분한 시간이 필요하다. 진실 된 시간이 흘러야 신용을 만들어내는 것이다.
고기 질에 대한 신용, 납기에 대한 신용, 대금 지급에 대한 신용, 사업 파트너에 대한 신용, 금융기관에 대한 신용 등 몇 번 강조해서 말해도 지나치지 않는 단어가 바로 신용이다.

올바른 사업체 경영을 위해서는 매입처 및 매출처와의 신뢰, 금융기관과 사업 파트너와의 신뢰관계를 구축해야 한다. 신뢰관계는 하루아침에 이뤄지는 것이 아니다. 크레페 케이크를 만들 때 한 겹 한 겹 쌓는 것처럼, 밀푀유 나베의 재료가 한 겹 한 겹 겹쳐져야 요리가 되는 것처럼 시간이 걸리고 인내가 필요하다. 그렇게 만들어져야 쉽게 쓰러지지 않는다. 특히 다른 사업 분야와는 다르게 원물 가격이 상당하고 마진은 상대적으로 크지 않은 업종이라서 한 번의 거래 실수가 몰고 오는 파장이 클 수밖에 없다.

그래서 신용을 체크하고 사업을 할 수밖에 없으며, 타 업종보다 보수적이다. 거래를 처음 틀 때도 사전에 몇 군데 체크를 하는 전화도 해보고 평판도 들어보고 거래를 튼다. 또 그렇게 거래를 시작하면 최대한 실수를 하지 않기 위해서 노력하고 신용이 무너질세라 노심초사하면서 관계를 유지한다. 그런 일이 있으면 안 되겠지만 그렇게 노력하고 신용을 지키려고 노력해야 혹시 모를 내 위기의 순간에 최소한 한 번의 기회를 더 얻을 수 있다.

2) 성장전략

(1) 경험이 쌓이면 직관도 같이 쌓인다

서로 협력해 선(善)을 이룬다는 말이 있다.
세상을 살아가면서 때로는 힘든 일도, 억울한 일도 우리는 겪는다. 하지만 이런 모든 일이 나를 행복의 가치로 가기 위한 과정이라는 것을 기억해야 한다. 무엇인가를 얻기 위해서는 꼭 그에 대한 대가를 지불해야 한다. 내가 지불하고 얻은 것이 무엇인지 깨닫도록 다양한 경험을 통해 헛된 시간이 없도록 해야 한다. 경영자의 시간은 직원의 시간과 다름을 명심해야 한다.
어려서 가장이 되고 동생을 이끌어야 했기에 어려서부터 생각하고 결정하는 일이 익숙했고 지금 사업에 많은 도움이 되고 있다. 필자의 또래들이 고등학교, 대학교를 다닐 무렵 이미 필자에게는 업무 경력이 쌓이는 느낌을 몸으로 체험할 수 있었다.

처음 일을 시작한 지 5년간은 새롭게 경험하는 일들을 쳐내느라 늘 바쁘게 지냈다. 5년이 지나자 새로운 일에 대한 경험이 기존 경험 위에 차곡차곡 쌓이는 느낌이 들었다. 시장에 대한 이해력이 생기기 시작했고 돈이 돌아가는 이치가 보이기 시작했다.

한 해 두 해가 지나면서 연간 고기가 판매되는 가격과 사이클이 눈에 들어오기 시작했다. 업계 사장님들과 대화를 하면서 필자의 경험에 업계 선배님들의 간접 경험이 쌓이기 시작했다. 그러자 경험하지는 않았지만 어느 정도 감이 잡히기 시작했다. 언제 사고 언제 팔아야 할지 몰랐던 시절에는 막막했던 일들이 왠지 직감처럼 느껴지기 시작했다. 5년에서 10년이 되자 하는 일에 대한 상황이 어느 정도 익기 시작했다. 분기별로 모자라는 소고기, 돼지고기 품목과 수입육에 대한 정보가 쌓이자 예측과 직관력이 생기기 시작했다. 시장에서 현금을 움직이면서 몸으로 체득하는 경험에 직관력이 보너스로 주어지기 시작했다는 것이다.

그러나 경험이 많을수록 직관력이 절대적으로 우수한 것인가 생각해보면 꼭 그렇지도 않은 것 같다. 그래서 사업이 어려운 것 같다. 자기가 잘 아는 분야는 부정적 직관이, 잘 모르는 분야는 긍정적 직관이 작용하는 이치는 미지수다.

(2) 직관을 믿되 한 번 더 생각하고 결정해야 한다

직관은 많은 정보를 일목요연하게 이해하는 좋은 수단이다. 그렇지만 항상 합리적으로 생각하기 위해 노력해야 한다. 내 생각을 합리화하기보다 내 생각이 합리적인지 다른 이의 머리와 입을 통해 검증하는 자세를 가져야 한다.
직관과 느낌만으로 보면 지구를 둥글게 느끼는 사람은 없다. 따라서 직관도 100% 답을 주는 도구가 아니다. 과거의 경험과 함께 지금 이 직관이 정확한 것인지 한 번 더 검증해봐야 한다.

예전에 읽은 우화 하나를 소개해보도록 하겠다.
닭장에 닭을 풀어놓고 키우는 사람이 있었다. 그는 매일 아침 모이를 들고 닭장 안으로 들어가서 닭에게 모이를 주곤 했다. 1년 내내 모이통에 모이를 채우는 일을 반복했다. 닭은 의례 아침에 주인의 발소리가 들리면 모이를 주러 오는 것으로 생각하여 입맛을 다셨다. 내일도 모이를 주겠거니 하고 잠을 청하고 다음 날 아침이 밝았다. 같은 시간 주인이 닭장 문을 열고 들어왔다. 그런데 주인 손에는 모이가 아니라 칼이 쥐어져 있었다. 닭은 깜짝 놀랐다. 지금까지 일 년 내내 이런 적이 한 번도 없었는데 도대체 무슨 일이 일어날지 믿을 수 없었다. 경험과 직관에 의하면 오늘도 어제와 같은 일이 일어났어야 한다. 그러나 달력을 보니 여름 초복이 다가와 있었다. 닭은 작년 여름이 끝날 무렵 다음 해 복날을 위해 키워지고 있었던 것이다.

매일 벌어지는 일은 일정하게 반복되는 패턴으로 일어난다. 그러나 시간이 흐르고 환경이 변하면 내가 통제할 수 없는 변수에 의해 상황이 바뀔 수도 있음을 알아야 한다. 어제까지 없었던 일이 오늘 발생할 수 있다는 생각을 반드시 해야 한다. 어떤 일이 일어날 것인지 예측하는 일은 무의미하다. 차라리 예측한 일에 어떻게 대처해야 할지를 생각하는 것이 더 중요하다. 그래서 직관과 함께 생각지 못한 일이 벌어질 때를 대비해야 한다.

(3) 고인 물은 썩는다. 배움만이 살길이다

동종업종이 아닌 이종업종에서 배우기 위해 노력해야 한다.
업계에서 같은 일을 하는 사장님들과 모임을 하곤 한다. 월례회 형태로 모이기도 한다. 그리고 동종업계 친구들이나 동료들과도 하는 모임이 있다. 이 모임들에는 공통점이 있다. 같은 일을 하는 사람들을 만나서 이야기하면 얻을 수 있는 새로운 정보가 무척 적다는 것이다. 한 우물을 오랫동안 파다 보니 새로운 정보나 아이템에 대한 연구나 탐구보다는 기존의 일을 지키기 바쁘기 때문이다.

몇 년 동안 모임을 가지면서 아이템과 새로운 사업을 찾아야 한다고 말하면서 정작 실천에 옮기는 사람은 거의 없다. 사업 경력이 길어질수록 새로운 일을 찾아서 실행하는 실천력은 많이 떨어지는 것 같다. 그리고 동종업계 사람들과 정보 교류라는 미명하에 모여서 시간을 보내지만 사실상은 동종업계 시장 참여자로서 겪는 동병상련에 대한 이야기를 나누면서 소소한 위안을 얻는 것은 아닌지 가끔 회의적인 생각이 들 때가 있다.

'남들도 나처럼 다 어렵구나. 그러니 내가 지금 이렇게 힘들거나 하는 것은 나의 잘못만은 아니야. 언젠가는 좀 더 좋아지지 않겠어? 지금까지 그래도 잘 버텨왔잖아.'

이런 생각으로 마음이 좀 편해질 수는 있다. 시쳇말로 '정신승리'다. 그러나 새로운 배움터를 찾아 스승을 만나고 배움의 길을 계속하는 편이 사업수명을 연장시키는 데 더 도움이 되는 것 같다. 학교에 진학해서 공부하면서 그런 생각이 많이 들게 되었다. 학교에서 배우는 것뿐만 아니라 같이 배우는 동기들로부터도 새로운 생각을 많이 듣게 되고 한 번 더 고민하면서 사업이나 세상을 보는 시야가 더 넓어지는 것 같은 생각이 들 때가 많다. 그래서 나는 배움은 계속돼야 한다고 생각한다.

(4) 데이터와 정보 분석을 할 줄 알아야 한다

동종업의 지난 과거의 변화를 보고 앞의 시대를 파악하기 위해 노력해야 한다. 학습을 통해서 다른 업종의 변화와 나의 업종의 연관 관계를 찾아내는 눈이 필요하다. 즉 분별력이 있어야 한다. 스마트 미디어 시대에 넘쳐 나는 정보 홍수 안에서 나에게 필요한 정보를 구별하여 정보의 원석을 찾는 것과 그것을 가공 할 수 있는 능력이 필요하다.
동종업계 정보를 듣다보면 감에서 오는 분석이 많은 것 같다. 사실 경험에 의한 지혜도 많은 부분 도움이 되는 것이 사실이다. 그러나 실제 본인이 종사하는 분야 이외의 뉴스나 정보는 과대평가되거나 과소평가되는 오류가 있음을 감안해야 한다.

그래서 필자는 고기 시세 등락이 심할 경우에는 2-3년 전 데이터를 보면서 수급의 불균형이 문제인지 소비 패턴의 변화인지 또는 일시적인 변수에 의한 가격변동인지를 분석하는 습관을 가지고 있다. 동종업계 사람들이 잘 보지 않는 시세연구 관련 리포트를 연회비를 내면서까지 꾸준히 정독하고 있다. 데이터를 분석해 보면 막연한 정보나 과장된 풍문의 원인을 비교적 객관적으로 볼 수 있는 시각을 가지게 되는 것 같다. 농업경제연구원의 데이터도 어느 정도 객관성이 있고 민간 연구소의 자료도 참고가 된다. 그래서 단순히 정보성 풍문과 부정확한 예측자료를 기준으로 의사결정을 내리는 회사에 비해 상대적으로 데이터에 기반한 구매와 영업활동을 할 수 있는 것이 장점이라면 장점이라고 할 수 있겠다.

사실 정보를 분석하고 활용하는 방법도 하루아침에 습득할 수 있는 기술은 아니다. 하지만 주의 깊게 생각해보고 예측해보는 연습을 하면서 차츰 오류를 고쳐나갈 수 있었고 시장을 보는 시야가 좀 열리게 되는 것 같다. 시장의 흐름을 2~3달만 앞서 예측할 수 있어도 유통하는 회사로서는 상당한 금전적인 이득을 얻을 수 있다. 그러나 결국 시장의 원리를 좇아가야 실수를 줄일 수 있는 것도 맞는 말이다. 그래서 모든 데이터

분석은 시장을 읽고 그 방향을 예측해보는 것이지 정답을 정확히 맞히려는 시도는 아님을 기억해두기를 바란다.

(5) 주먹구구를 버리고 폭넓게 거시 데이터를 분석하자

데이터의 이해력, 분석력, 판단력이 필요하다.
동종업의 현황 데이터. 경쟁 업종의 데이터, 연관 업종의 데이터 그리고 전혀 관계가 없을 듯한 업종의 데이터도 참고해야 한다. 그리고 사회관계망 데이터의 분석과 해석 그리고 예측이 필요하다.
나는 앞서 말한 것처럼 데이터를 모아놓고 주기적으로 분석하는 편이다. 인터넷 검색을 하면 모든 정보가 다 나오는 것 같지만 모니터를 보며 시간만 허비하는 경우가 더 많다. 실제 사업에 필요한 데이터는 사전에 미리 일목요연하게 정리해놓고 시장 예측할 때 사용해야 한다. 사무실에는 그동안 분석하느라 출력해놓은 데이터 파일이 큰 캐비닛에 들어있다. 필요한 시즌의 데이터만을 분석하고 찾는 활동이 아니라 그동안의 데이터를 모두 분석하여 정리해뒀다.

결코 사람의 기억은 데이터베이스를 이길 수 없다. 그리고 정보 또한 데이터베이스에서 나온다. 무의미한 숫자와 거래패턴에 나름대로 해석을 더해서 정보가치를 더해 놓는다. 그래야 수요와 공급 가격의 변화를 예측하고 재고량을 유지하는 데 도움이 된다.

소매의 경우에는 특히나 지역별 구분(강남, 강북, 일반 주거지역, 공단지역)을 통해 최종 소비자의 구매 성향을 파악해 데이터를 구축하고 그에 맞게 공급해야 한다. 영업도 거기에 맞춰서 이뤄진다. 특히 고기는 부위별로 선호도가 극명하게 갈리고 수요 공급의 불균형을 이루는 경우가 많다. 그래서 대기업이나 큰 수요처인 공장에서 제품 생산을 위해 급하게 필요한 부위를 찾는 경우가 있다. 거래를 오래 하다 보니 사전에 필요한 부위를 재고로 확보하고 제때 공급하는 일도 나름대로 차별화된 서비스로 자리 잡게 되었다.
마장동에서 30년 가까이 사업을 하면서 느낀 것인데 대부분 도매상은 데이터의 중요성에 큰 관심이 없다. 시장에서 필요한 제품을 그때그때 조달해내는 민첩성에 더 많은 사업 비중을 두고 있는 것은 조금 안타깝다.

(6) 변화하는 트렌드는 사람이 만든다

트렌드란 사상이나 행동 또는 어떤 현상에서 나타나는 일정한 방향을 말한다. 우리는 소비자의 욕구가 너무도 다양한 시대를 살고 있다. 따라서 시장의 기회는 오히려 더 많아졌다고 생각한다. 그 다양한 욕구를 찾아내고 대응하기 위해 나의 가치를 소비하는 소비자를 만나야 한다. 그리고 더 나아가 트렌드를 선도하고 생산하는 생산자를 찾아 만나기 위해 최선을 다해야 한다.

트렌드는 빠르게 변하는 움직이는 타깃 같은 것이다. 따라잡으려고 달려가서 보면 또 새로운 트렌드가 유행의 바람을 일으키고 있다. 특히 외식업과 깊은 연관성이 있는 아이템인 고기를 다루고 있는 필자로서는 식당 사업자나 프랜차이즈 업계의 사람들을 만날 때마다 트렌드의 변화무쌍함에 놀라곤 한다. 이제 막 대세라고 알고 있던 트렌드가 이미 시장에서는 사라지고 있는 끝물 트렌드인 경우도 많다.

사실 트렌드를 주도하는 세대가 워낙 기성세대와는 연배 차이가 있어서 이해하기 어려운 측면도 많다. 이해하기 어려워도 변화 그 자체를 받아들이는 훈련도 중장년 사업가에는 필요하다. 왜 유행하는지 몰라도 지금은 이런 트렌드가 대세라고 하면 그 또한 자연스럽게 받아들이고 이해해야 한다. 다음 트렌드를 논하는 것은 또 다른 이야기다. 직접 만나서 긴 이야기를 하지는 못했지만 서울대 김난도 교수를 책을 통해 만났다. 매년 트렌드 분석서를 내는 김난도 교수의 책은 다양한 분석과 예측자료가 있어서 매우 유용하다고 생각한다. 특히 2019년 시장에서 살아남기 위해서는 컨셉력을 갖춰야 한다는 주장에 무척 공감한다.

나도 브랜드와 콘셉트를 갖춰서 장기적인 사업기반을 안정적으로 만들고자 하는 욕심이 있다. 이제 기능과 품질 그리고 가격으로 승부하는 사업은 점점 생명력을 잃게 될 수 있다. 독창적인 콘셉트 외의 다른 요소는 점점 평준화되고 있으며 차별적인 가치를 생산해 전달하기 어려워지고 있기 때문이다. 더 새롭고 차별화돼 비교할 수 없는 서비스나 제품을 만들어보려는 것이 목표다.

(7) 주기적인 일본 출장으로 트렌드를 미리 느껴보자

우리나라의 소비 트렌드나 문화 트렌드가 일본의 영향을 받도 있는 것은 모두 알고 있는 사실이다. 일본이 서구의 문물을 우리보다 먼저 받아

들여 여러 분야에서 앞서 있기 때문이다. 그리고 일본이 가지고 있는 가장 큰 힘은 서구에서 들어온 문화를 동양적 취향으로 잘 변형시켜 놓았기 때문에 우리나라 사람들이 좋아하는 성향과 잘 맞는 경우가 많다는 것이다. 필자는 소비자의 성향을 분석이나 산업의 변화 과정을 일본에서 배우고자 노력한다. 요즘 한일관계를 생각해 보면 이런 이야기 꺼내기가 조심스럽다. 그러나 곧 관계가 회복되면 좋겠다.

나는 작년 봄 일본 나고야(名護屋) 인근의 기후현(岐阜県)에 고기 먹방 투어를 갔다 온 적이 있다. 친구가 혼자 일본에 가려는 계획이 있다는 것을 듣고 다른 친구 둘과 함께 넷이서 아예 맛집 방문과 사업 자료 수집을 겸한 여행으로 다녀왔다.

나고야 공항에 가장 크게 걸려있는 광고가 바로 고깃집 광고였다. 히다규(飛騨牛)라는 와규(和牛)가 기후현(岐阜県)에서 가장 유명한 소고기라고 한다. 그래서 히다규 전문점인 카기야스(柿安)라는 식당의 광고가 공항에 들어서자마자 크게 보였다. 무엇보다 검은색 흑우 종류인 와규를 부각시켜서 지역에서 꼭 먹어봐야 하는 음식으로 광고하고 있는 것이 신기했다.

우리나라의 경우 한우 협회도 아닌 한우 전문 식당이 공항에 광고하는 경우는 본 적이 없다. 불과 150여 년 전인 메이지 유신 이후에야 1,000년 넘게 이어진 육식금지령이 해제돼 고기 먹는 법을 개발하고 연구한 일본의 고기 요리 발전사는 실로 눈이 부실 정도다. 우리는 아직 전통의 고기 요리가 문화나 격식 있는 접대에 적합한 형태로 발전하는 과정에 있다. 그래서 아직도 최고급 요리를 대접한다고 하면 한우 식당이나 고깃집이 아니라 일식집으로 가는 경우가 많다.

일본의 경우 고급 와규 식당의 철판구이(鉄板焼き, 뎃판야키) 요리는 반드시 예약해야만 하는 곳이 많다. 방문한 많은 외국인도 그 요리에 매료돼 감탄하곤 한다. 유명한 와규 식당에 가서 식사를 해보고 후기를 올리는 한국 관광객들이 많은 것을 봐서는 우리나라 고기 식당은 아직 개선하고 새로운 서비스를 도입할 여지가 많아 보인다.

마장동에서 시작한 본앤브레드라는 브랜드는 한우를 파인 다이닝 코스로 만들어서 1인당 30만 원 정도에 정해진 단위로 예약을 받아 운영한다. 나름대로 최고급의 고기를 맛보는 코스로 운영하는 곳이다. 이처럼 우리나라에서도 고기 먹는 문화의 업그레이드를 기대해본다.

(8) 나보다 젊은 사업가를 더 많이 만나는 노력을 하자

고기 소비 형태가 변하고 있다. 전통 한식에서 변형된 한식 즉 퓨전 한식이 한때 인기가 있었다. 전통을 현대의 가치로 재해석해 새로운 가치를 창조하는 소비문화가 만들어지고 있다. 이런 소비 형태를 만드는 스마트 미디어로 소통하는 젊은 세대에 의해서다.

최근 만난 젊은 식당 사장은 강남에 '정우'라는 일본식 소고기 전문 식당을 오픈했다. 요즘 강남을 중심으로 한우를 스시 식당처럼 운영하는 매장이 늘고 있다고 하는데 이는 과거의 고기 소비패턴이 중량(g) 위주의 양적 소비에서 분위기와 맛을 중시하는 질적 소비로 변하고 있는 변곡점에 있지 않은가 하는 생각이 든다.

그 사장의 경우는 시장 분석을 상당히 다른 각도에서 많이 하고 사업을 시작했다. 기존의 고깃집을 모델로 사업을 구상한 것이 아니라 아예 고급스런 분위기의 공간을 디자인한 것이 매장의 콘셉트다. 고기의 맛이 30%의 비중을 차지한다면 분위기가 30%, 그리고 주방 셰프와 공감하는 경험이 30% 정도가 되며 나머지 10%는 술이나 이국적인 느낌 등의 부대 효과가 될 것이다.

확실히 새로운 외식문화는 기존의 틀을 벗어난 느낌을 줬다. 식당이나 술집이 주는 가치를 포만감이나 주취감, 해방감 같은 것이라고 생각했었는데 이 매장은 공감을 이끌어내는 이국적인 공간으로 디자인됐다. 일반적인 고깃집이나 술집이 주는 느낌과는 다른 경험을 체험할 수 있는 곳이라는 생각이 들었다. 이 매장은 현재 삼성동에 하나를 직영으로 오픈했는데 향후 서울 시내의 주요 거점에 직영점을 내면서 확장해나갈 계획을 세우고 있다.

〈창업초기부터 협업한 소고기 전문점 정우의 이기성대표〉

기존의 프랜차이즈 방식으로 하기는 콘셉트 유지가 어려울 것 같아서 매장의 경영 방식, 운영 방식에 공감하는 지인들에게만 사업권을 줘서 운영하려는 계획을 가지고 있었다. 일반적인 프랜차이즈 사업자와 다른 마인드로 접근하는 젊은 사장의 발상이 신선했다.

(9) 오프라인 네트워킹 모임은 사업 정보의 보물창고다

스마트 미디어의 장점은 빠른 정보 전달과 다양성이라 할 수 있다. 단점은 정보의 깊이가 얕고 피상적인 사실 위주의 뉴스 전파에 더 적합하다는 것이다. 스마트 미디어를 이용한 다양한 소통채널로 고객을 만나고 그 고객들에게 만족을 넘어 감동을 주기 위한 지혜를 찾는 것은 동일한 주제에 대한 깊이 있는 관심을 가진 이들과의 만남을 통해 이뤄진다.
사실 우리가 책을 통해서 얻는 정보는 아직 정보의 원석에 불과하다. 그래서 이 정보를 적용해봐서 성공 여부를 테스트해봐야 하는 과제가 남겨진다. 좋은 생각이나 신선한 아이디어로부터 나오는 사업 아이템은 실제로 해봐야 잘 될지를 알 수 있다. 그래서 정보나 아이디어는 시장테스트를 거쳐야 하기 때문에 시간과 노력 그리고 금전적인 비용이 많이 든다.

그러나 오프라인 네트워킹 모임은 몇 가지 장점이 있다. 내가 생각하고 있는 것을 이미 실행해본 사람을 만나면 내 노력과 자원, 시간을 절약하면서 노하우를 쌓을 수 있다는 것이다. 그리고 만나게 된 사람과 더욱 친해지면 숨겨진 정보도 공유할 수 있다. 또한 모르는 분야의 일을 하는 타인을 만나는 것은 어찌 보면 그가 평생 쌓아온 세계를 접해보는 것이다. 사람을 통해 다른 세상과 다른 생각을 배우거나 시행착오의 아픔을 겪지 않을 기회도 얻을 수 있다. 게다가 그 모임의 총무와 친하게 되면 그 세계의 사람 수십 명과 언제든 접속해 교류할 수 있는 패스포트가 주어지는 것과 마찬가지다. 만약 오프라인 네트워킹이 조찬모임인 경우 매번 새로운 강의를 들으며 맑은 정신으로 지식을 쌓을 수 있는 기회까지 주어진다.

요즘은 이러한 오프라인 모임을 할 수 있는 곳이 상당히 많다. 온오프믹스에서 수시로 열리는 네트워킹 행사뿐만 아니라 무료로 열리는 설명회와 오프라인 강좌 등 인터넷으로 한 시간만 검색해보면 무궁무진한 기회의 장을 만날 수 있다. 자투리 시간을 아껴서 오프라인으로 대화를 하면 SNS로 1년을 알고 지낸 사람보다 더 가까워지고 보물정보를 얻을 수 있다.

3) 향후 비전 설정

사실 되고 싶은 사람이 어느 정도 돼 있지만, 향후 되고 싶고, 하고 싶은 몇 가지를 말해보자면 다음과 같다.

사업 부문

- 앞으로 정육점 프랜차이즈 사업을 하고 싶음
- 우리의 식문화를 한층 높이는 외식사업 진출

축산물을 이용해 맞춤형 식단을 제공하는 음식점을 구상 중에 있다. 이를 위해 우선은 100세 시대에 맞춰 유아, 유년기 어린이, 청소년, 성인 남녀, 노인층 등 각 연령층에 맞게 건강을 유지하는 식단을 개발하고 있다.

아카데미 활동

- 꿈을 가진 청소년, 청년을 지원해 이들과 함께 사업을 발전시키고 싶음
- 앞으로 더 많은 사람에게 사업 분야를 알리고 멘토가 되고 싶음
- 고기 분야의 아카데미를 통한 전문가 양성

종교(선교 활동)

- 향후 기회가 된다면 선교 활동

4) 향후 비전을 이루기 희망 사항

축산산업은 외형상으로는 매우 거대한 산업으로 성장했다. 하지만 부가가치를 창출을 위한 노력은 상대적으로 많이 하지 않았던 것 같다. 그래서 내가 생각하는 회사의 문제점은 서비스업에 대한 완전한 이해가 부족해 부가가치 창출을 위한 노력이 아직은 부족하다는 것이다.

그래서인지 상품 기획력이나 판촉 방안에 대해 부족한 부분이 많다. 또한 고기 사업에 대한 젊은 사람들의 부족한 직업적 성취감이나 자존감, 미래에 대한 불투명성으로 인한 인재의 구인난 또한 상당한 문제점으

로 작용한다.

하지만 불행 중 다행인 것은 경영자인 본인이 기술력이 충분하며, 이러한 문제에 대한 분명한 인식을 통해 새로운 방안을 찾아가고 있다는 것이다. 그리고 직원들과 함께 가고자 하는 경영 마인드 또한 좋게 작용할 것이라고 생각한다. 따라서 지금은 조금 부족할지 몰라도 계속해서 노력하고 보완하여 머지않은 날에는 향후 비전을 모두 현실화할 수 있는 날이 올 수 있기를 바란다.

5) 차세대를 끌고 갈 인재를 찾습니다

인재를 양성해야 회사가 성장한다. 사장 한 사람의 기술과 리더십으로 회사를 키우던 시대는 이미 지났다.
그래서 어떻게 해야 할지 고민하면서 해답을 찾아다니던 중 지인이 쓴 책에서 해답의 실마리를 찾아냈다. 바로 '사랑합니다' 한마디로 매출의 20배 향상을 이룬 한만두의 남미경 대표님의 저서다. 책을 보며 인재양성 프로그램의 중요성을 깨닫게 됐다. 인재교육의 목표는 남에 대한 복종이 아닌 스스로 세운 목표와 목적을 위해 순종하며 따르고 노력하는 마음에 관한 것이다. 자발적으로 세운 목표를 이루기 위해서 스스로가 열심히 하는 모습은 외부에서 가해진 힘에 따르는 복종과는 다른 차원의 행동이다. 자발성을 기반으로 한 행동은 스스로의 자존감 그리고 자신의 능력에 대한 신뢰가 기본이 된다.

중소기업이 한 단계 더 도약하기 위해서는 자발성에 기반을 둔 능동적인 인재가 필요하다. 과거의 기술과 노하우를 가진 창업자는 다가올 세대의 마음과 트렌드를 이해하는 인재에 의해 운영되는 것이 맞다고 생각한다. 〈90년생이 온다〉는 책에서 언급한, 새로운 세대를 소비자로 사업을 할 사람은 바로 그들을 이해하는 사람들이다. 미래에 대한 비전을 세우고 소비자와 같은 수준에서 생각하고 느끼는 인재가 바로 차세대를 이끌 수 있는 능력집단이라고 생각한다.

Part 4

이 시대의 청년들에게

1. 자신을 사랑하는 것이 최우선이다
2. 개인에게 주어진 행복도 불행도 공평하다
3. 좋은 사람을 만나려면 먼저 좋은 사람이 돼야 한다
4. 농부는 밭을 탓해서는 안 된다
5. 한계가 있다는 생각은 오히려 한계를 만든다
6. 사칙연산을 경영에 응용하자
7. 나만의 콘텐츠 전략은 무엇인가?
8. 나만의 꿈과 비전을 점검하자

1. 자신을 사랑하는 것이 최우선이다

성공하기 위해서는 자신의 전공을 사랑해야 하고, 자신이 하는 일을 사랑해야 하고, 자신의 주변 사람들을 사랑해야 하고……. 이처럼 현재의 젊은 사람들은 사랑을 하려고 노력하고 있는 것 같다. 하지만 사랑이란 결코 노력만 한다고 해서 얻어지는 것이 아니다. 말 그대로 마음에서 우러나오는 감정이어야 한다.

그리고 그 감정은 자신에 대한 사랑이 최우선이 돼야 한다. 즉 자신을 먼저 사랑한 후에 그 사랑이 흘러넘쳐 주위로 흘러가야 진정으로 여유로운 사랑이 된다. 그렇게 흘러넘친 진심이 담긴 사랑은 저절로 자신의 일에서도 달인의 경지에 오르게 만들어준다. 그 후에는 돈과 명예가 그에 맞춰 따라오게 돼있다.

따라서 이 시대의 청년들에게 자신의 삶의 초점을 남이 아닌, 자신 그 자체에 맞추기를 바란다는 말을 꼭 전하고 싶다.

2. 개인에게 주어진 행복도 불행도 공평하다

인생은 공평하다고 생각한다. 즉, 개인에게 주어진 행복의 양은 공평하다는 것이다. 나의 경우에도 그랬다. 태어날 때부터 시련이란 시련은 다 겪었고, 온 세상의 불행은 나에게 오는 것 같았다. 그래서 행복이란 단어가 내 인생에는 없을 것이라고 생각했다. 하지만 그렇지 않았다. 정말로 내가 겪은 불행만큼 나에게는 행복이 왔고, 그래서 나는 인생이란 참으로 공평하다는 생각이 들었다.

만약 지금까지 자신에게 불행만 있었다면, 앞으로는 행복만 가득할 것이다. 그렇게 생각하며 살아가자. 앞으로 다가올 행복의 양이 많이 남아 있는데, 그것을 부정하며 산다면 이토록 슬픈 일이 어디 있겠는가.

이것이 불행 속에서도 희망을 잃지 않고 살아가야 하는 이유다. 그러니 앞으로 당신들에게 다가올 행복을 기다리며 하루하루를 열심히 살아가기를 바란다.

3. 좋은 사람을 만나려면 먼저 좋은 사람이 돼야 한다

가끔 이렇게 말하는 사람이 있다.

"왜 제 주위에는 좋은 사람이 없을까요?"

하지만 나는 이렇게 생각한다. 좋은 사람을 만나려면 자신이 먼저 좋은 사람이 돼야 한다고 말이다. 자신이 좋은 사람이 되면, 저절로 좋은 사람들이 옆에 올 것이다. 같은 예로, 자신이 좋은 사장이 된다면 주위에 저절로 좋은 직원들이 올 것이고 함께 일을 해줄 것이다. 그러면 옆에 있는 좋은 사람과 함께 오래도록 좋은 인생과 사업을 함께할 수 있을 것이다.

남이 나에게 무언가를 해주기를 기대하며 마냥 기다리고만 있지 말고, 자신이 먼저 남에게 무언가를 베풀자(꼭 물질적인 것만이 아니라, 정신적인 것도 포함된다. 먼저 사랑을 주고, 먼저 믿음을 주고, 먼저 진심을 보여주라는 말이다). 그러면 자신의 주위에는 나에게도 무언가를 베풀어주는 좋은 사람이 가득할 것이다.

4. 농부는 밭을 탓해서는 안 된다

농부가 밭을 탓해서는 안 된다고 생각한다. 옛말에도 '목수는 연장 탓을 하지 않는다', '명필은 붓을 가리지 않는다'라는 말이 있지 않은가. 즉, 자신이 성공하지 못한 것에 대해 자신의 상황이나 처지를 변명거리로 삼지 말라는 것이다.

밭에도 귀가 있어서 자기를 나무라는 사람에게는 풍년을 선물하지 않는다. 따라서 만약 자신이 본인 스스로를 되돌아보고, 반성하고 노력하는 것이 아니라 남 탓이나 환경 탓을 한다면 그 탓하는 시간 때문에 노력해 성공할 수 있는 기회를 날려버리게 될 것이다.

그러니까 밭을 탓할 시간에, 자신의 농사짓는 방법이 잘못된 건 아닌지, 농사에 노력을 덜 들인 것은 아닌지(비료를 덜 준 것은 아닌지), 아직 농작물이 자라나려면 더 기다려야 되는 것은 아닌지를 생각해보자. 그리고 그렇게 생각해낸 문제점을 당장 개선하자.

5. 한계가 있다는 생각은 오히려 한계를 만든다

“여기까지가 나의 한계야”, 혹은 “나는 내 한계에 다다랐어”와 같이 쓰이는 ‘한계’라는 단어는 사물이나 능력, 책임 따위가 실제 작용할 수 있는 범위를 뜻한다. 하지만 역설적이게도 내가 보기에 ‘한계’라는 말은 이제 더 이상 아무것도 안 하고 싶다는 말이라는 생각이 든다. 즉, 이제 여기서 그만하고 싶을 때 한계라는 말을 쓴다는 것이다. ‘한계’라는 단어를 통해서 오히려 자신의 능력치나 책임을 선을 그으며 포기해버리게 되기 때문이다.

만약 어떤 사람이 자신의 한계가 여기까지라고 단정 지어버린다면, 그 사람은 더 나아가기를 포기한다. 즉 말 그대로 본인의 한계가 거기까지가 돼버리는 것이다. 하지만 자신의 한계에 아직 다다르지 않았다고 생각하는 사람은 ‘조금만 더, 조금만 더’를 외치며 앞으로 한참 동안 더 나아갈 수 있다. 왜? 자신이 생각하는 한계에 도달하지 않았고, 그럼 더 노력할 수 있을 테니까 말이다.

그렇기 때문에 나는 많은 젊은이들에게 말하고 싶다. 엄청난 능력을 지닌 당신들이 스스로의 한계를 단정 지으며 자신을 과소평가하지 말라고 말이다. 지금 온 시련은 작은 걸림돌일 뿐이지, 한계는 아니다. 조금만 더 힘을 내서 본인이 생각하는 한계를 더 높게 잡고, 앞으로 나아가길 바란다.

6. 사칙연산을 경영에 응용하자

필자가 다니던 과정에서 배운 내용을 소개하도록 하겠다. 서울대 조동성 교수님으로부터 사칙연산에 대한 새로운 강의를 들을 기회가 있었다. 간단히 소개하도록 하겠다.

더하기 : 혁신을 반복하라 = 결합 그리고 반복하기

우리의 혁신은 반복돼야 한다. 혁신에 또 혁신이 더해져야 발전한다. 혁신은 혁신과 결합해 또 다른 혁신의 형태를 만들어낸다. 그리고 계속해서 반복하는 더하기 과정을 통해 혁신은 숙성되고 발전한다. 한 번의 시도로 성공하는 일은 우리 주변에 별로 많지 않다. 반복되는 시도와 그 시도가 낳은 혁신적인 결과만이 우리를 앞으로 나아가게 만든다.

빼기 : 기존의 습관을 버려라 = 버림 그리고 파괴

현재의 성공을 가장 방해하는 요소는 과거의 성공 경험이다. 과거의 성공을 가져왔던 요인은 과거의 역할이었다. 손자병법에도 '한 번 이긴 전략을 반복해서 사용하지 말라'고 가르치고 있다. 이미 진부한 방식이 돼버려 더 이상 효과가 없기 때문이다. 기존의 습관이 현재와 미래의 성공을 반드시 보장하는 것은 아니다. 버림과 파괴는 답습의 고리를 끊고 앞으로 나가는 지름길이 된다. 기존에 우리가 알고 있던 상식을 버림으로써 새로운 생각과 습관을 채울 여유를 찾는다.

곱하기 : 다른 차원을 추구하라 = 융합 그리고 통합

더하기가 의미하는 결합은 물리적 결합의 단계라고 한다면 곱하기가 의미하는 융합과 통합은 새로운 차원으로의 도약이다. 하나와 하나를 더하는 단순한 결합의 차원을 넘어 새로 융합된 결과물을 만들어내는 것과 같다. 연필에 지우개를 더하면 지우개 달린 연필이 된다. 그러나 연필에 피카소의 디자인을 입힌다면 다른 차원의 예술적인 연필로 태어날 수도 있다. 그래서 물질적 결합 이상의 가치 조합을 만들어낼 수 있는 것이 곱하기의 의미다.

나누기 : 인순분해로 단순화하라 = 득도 그리고 통섭

한곳에 모두 섞여있는 현상을 전체로 이해하는 능력도 중요하다. 그러나 그 전체를 이루는 각각의 개체를 파악하려면 섞이기 전 상태로 단순화해 이해하는 과정이 필요하다. 개체 요소의 특징을 깊게 이해하려면 사물의 처음과 끝을 있는 그대로 보는 능력이 필요하다. 단순화한 요소의 특징을 알게 되는 것은 득도하는 것과 같다. 따라서 분리된 요소를 다시 합치고 합쳐진 요소의 조합을 통섭이라 할 수 있다. 요소의 개체 특성을 분리해서 이해하고 다시 합치는 통섭 능력은 나누기의 능력이다. 나눌수록 이해력은 더 깊어진다.

7. 나만의 콘텐츠 전략은 무엇인가?

필자는 모바일 마케팅을 배우러 유명 대학교의 모바일 마케팅 최고위 과정을 다닌 적이 있다. 그러나 내가 생각한 것과는 조금 다른 과정이었다. 어떻게 나와 내 회사를 잘 알릴까 싶어서 들어간 과정이었는데 주로 가르치는 내용은 모바일 기기와 SNS 서비스를 어떻게 사용하고 활용하는지와 같은 기술적인 것이 대부분이었다. 결국 마케팅이란 고객이 나를 찾아올 수 있도록 나를 알리고, 내 회사를 알리고, 내 제품을 알리는 것이 중요하다고 생각한다. 그러나 그 과정은 내가 기대한 내용인 '콘텐츠를 어떻게 창조해 모바일 시대에 제대로 된 마케팅을 할 것인가?'에 대한 해결책을 제시해주지 못했다. 시간을 내서 인스타에 사진을 올리고 페이스북에 포스팅을 하고 블로그에 일상을 올리는 것으로 퍼스널 브랜딩하는 방법을 교육하고 있었다. 그 교육을 통해 깨달음이 왔다. 결국 콘텐츠를 창조하고 이를 활용하는 법은 나의 몫이라는 것이다. 모바일 마케팅이란 기존의 콘텐츠를 충분히 쌓은 사람이 모바일이라는 수단을 통해 스스로를 더 잘 남들에게 드러내고 표현할 방법을 모바일 기기와 모바일 서비스의 도움을 받는 것에 불과한 것이다. 그렇다면 어떻게 콘텐츠를 만들어야 할까? 우리는 우리가 알지 못하는 사이에 남과 다른 경험을 하면서 살고 있다. 내가 대단한 일을 하거나 아직 무엇이 된 것은 아니지만 나는 내 이야기를 가지고 있다. 필자의 경우에도 이 책을 쓰려고 하기 전까지는 수많은 고기 유통업에 종사하는 사람 중의 하나라는 생각을 하고 살았다. 그러나 이 책을 쓰면서 생각이 많이 바뀌게 됐다. 글을 쓴다는 것은 일상에서 잠시 비켜서서 자기 자신을 돌아보는 사색의 시간을 갖는 것을 의미한다. 원고지 한 페이지를 채운다는 것의 의미를 지금껏 알지 못했었다. 한 시간 동안 누구에게 내 경험과 생각을 말할 수는 있지만 그 내용을 글로서 풀어내는 일을 결코 쉽지 않았다. 이 책을 쓰는 과정을 통해 내가 가지고 있는 콘텐츠를 찾게 됐다. 내가 왜 이 사업을 시작하게 됐고, 앞으로 어떤 방향으로 사업을 끌고 갈 것인가에 대한 방향을 어느 정도 잡을 수 있는 좋은 계기가 된 것 같다. 내 콘텐츠 전략은 오히려 간단하고 명확해졌다. 한 자루 낡은 칼로 여기까지 오면서, 텅 비었던 나의 세계가 일과 사람 간의 관계로 채워졌다. 지금의 일하는 기쁨을 다른 사람과 나누면서 남들에게 더 유용한 사람이 되기 위해 노력하며 나를 표현하고 살 것이다. 극적인 드라마만 콘텐츠가 되는 것이 아님을 깨달았다. 평범하고 소소한 일상을 보내온 나의 평범함이 내 콘텐츠의 특징임을 알게 됐다. 무색무취의 내 콘텐츠를 유지하는 것이 내 전략이 됐다.

8. 나만의 꿈과 비전을 점검하자

뉴욕 케네디 국제공항을 이륙한 비행기가 미대륙을 지나고 태평양을 넘어서 인천공항까지 오는 데 14시간이 좀 넘게 걸린다. 인천공항이라는 좌표를 찍고 출발한 비행기의 자동항법장치는 비행의 99%에 해당하는 시간 동안 어떤 역할을 하고 있을까? 그 장치는 비행기가 항로를 벗어나지 않도록 신호를 끊임없이 보내고 궤도를 따라서 이동하고 있는지를 체크한다. 그렇다. 내가 이루려는 꿈은 아득하다. 구체적인 좌표가 보이지 않을 수도 있다. 그러나 그런 꿈을 좀 더 구체적으로 보여주는 것이 바로 비전이다. 비전은 얼마 후면 내가 어떤 모습으로, 내 회사는 어떤 모습으로 달라져 있겠다는 생각이 이미지처럼 선명하게 내 머릿속에 들어와 있는 것이다. 이러한 형상화된 구체적인 이미지가 그려져야 꿈에 다다를 확률이 높아진다. 그래서 시간이 날 때마다 내가 그려놓은 가까운 미래의 비전을 향해 잘 가고 있는지 확인해봐야 한다. 비전을 점검하면서 꿈에 점점 가까이 다가서고 있음을 느낄 수 있다. 다른 사람이 하는 해석과는 조금 다를지 모르지만 필자는 꿈을 이루기 위해서 단기적인 여러 단계의의 비전을 성취하는 것이 중요하다고 생각한다. 꿈은 쉽게 이룰 수 없기 때문에 꿈이라고 한다는데 그럴수록 더 다가서고 싶기에 지금도 가슴이 벅차오른다.

에필로그

책을 통해 말하고 싶은 내용이 많았는데 두서없이 이야기가 흘러간 느낌이 들어서 많이 아쉽다. 전문적으로 글을 써 본 적도 없고 특별히 글 쓰는 법을 배워본 적이 없어서 서투르게나마 떠오르는 생각을 정리해 보았다. 첫 번째 책을 이렇게 펴냈으니 앞으로 좀 더 정리된 아이디어를 한 번 더 이야기해 볼 기회가 있을 것이다. 내 생각과 하고 싶은 이야기를 몇 가지로 다시 요약하면서 글을 마무리하고자 한다.

첫째, 축산 유통 시장은 아직 개발할 분야가 많다. 새로운 서비스 아이디어가 더 많이 나오면 더 큰 기회가 열릴 것이다. 외식시장의 성장과 더불어 발전하는 분야가 바로 축산유통시장이다. 패기 넘치는 젊은 친구들에게 권하고 싶다.

둘째, 제대로 된 비전과 컨텐츠를 가지고 도전한다면 승산이 있다. 축산제품의 위치만 이동시키며 적은 판매이윤을 취하는 기존의 유통업 관행에 도전한다면 불황을 이겨낼 수 있으며 평생을 바쳐 헌신할 직업적 가치를 가지고 있다고 생각한다.

셋째, 미래를 예측하고 대비하는 사람에게 기회가 더 크게 열린 시장이다. 정보화 마인드로 무장한 이들에게 더 없이 매력적인 분야이다. B2B나 B2C 사업에 대한 시장은 무한한 성장 잠재력이 있다.

넷째, 정직함과 신용, 그리고 실력을 갖춘 사람이 필요하다. 어느 산업이나 마찬가지겠지만 요행이 통하지 않는 곳이다. 정직함과 우직함이 있어야 하고 실력 또한 스스로 쌓아가야 한다.
능력 있는 젊은 사업가들과 함께 발전하는 축산유통사업을 꿈꿔본다.

나를 성장시킨 마장동 사무실에서

최 영일 씀

한눈에 보는 최영일 대표의 이력

- 1985년 3월 서울 상경
- 1985년 3월~4월 중국집 근무
- 1985년 4월~1991년 3월 봉제업 근무(미싱 기술자)
- 1991년 4월 마장동 축산물 시장 출근 – 검정고시 합격, 대학 입시 준비
- 1991년 11월 아버지의 소천
- 1992년 도드람 입사(마장동 소재)
- 1994년 도드람 퇴사(이천 소재)
- 1994년 성진축산 입사(마장동 소재, 2002년 5월 근무)
- 2002년 5월 가양식품 창업 – 막냇동생과 공동 창업
- 2004년 주경야돈 체인점 공동 론칭 – 43개점
- 2005년 가양식품 법인 전환
- 2010년 피엔씨유통(주) 설립
- 2012년 가양유통(주) – 판매장 개업 1호 – 원주시 행구동 소재
- 2013년 레몬플러스마트 – 판매장 2호 – 마포구 용강동 소재
- 2014년 세계로축산 – 판매장 3호 – 마포구 상암동 소재
- 2015년 건국대 즉석 식육 가공 및 유통 전문가 과정
- 2016년 서울대학교 식품 및 외식산업보건 최고경영자 과정
- 2017년 SG마트정육 – 판매장 4호 – 원주시 단계동
- 2018년 건국대식육과정 총동문회 수석부회장
- 2019년 경희사이버 대학교 4학년 재학중

한눈에 보는 가양식품의 현황

1. 회사 경영 현황

[주요사업]

- 축산물 포장 처리업(돈육 연간 30,000두)
- 축산물 유통업, 축산물 판매업

[사업장별 세부사업 소개]

- 가양식품 : 식품 포장 처리업 및 유통업
- 피엔씨유통 : 세절 가공 및 유통업
- 축산물 소매 판매업 : 원주 행구점, 원주 단계점, 원주 혁신도시점,
  서울 마포점, 서울 도봉점

[종업원 수] 약 50명

2. 주요 생산품 현황

한우, 국산 돼지고기(한돈), 수입소고기, 수입돼지고기 세절 및 소분, 포션육, 포션작업

3. 주요 거래처

프랜차이즈 본사, 급식업체, 축산 도소매업체, 대형식당 및 중소형 식당 등 다수

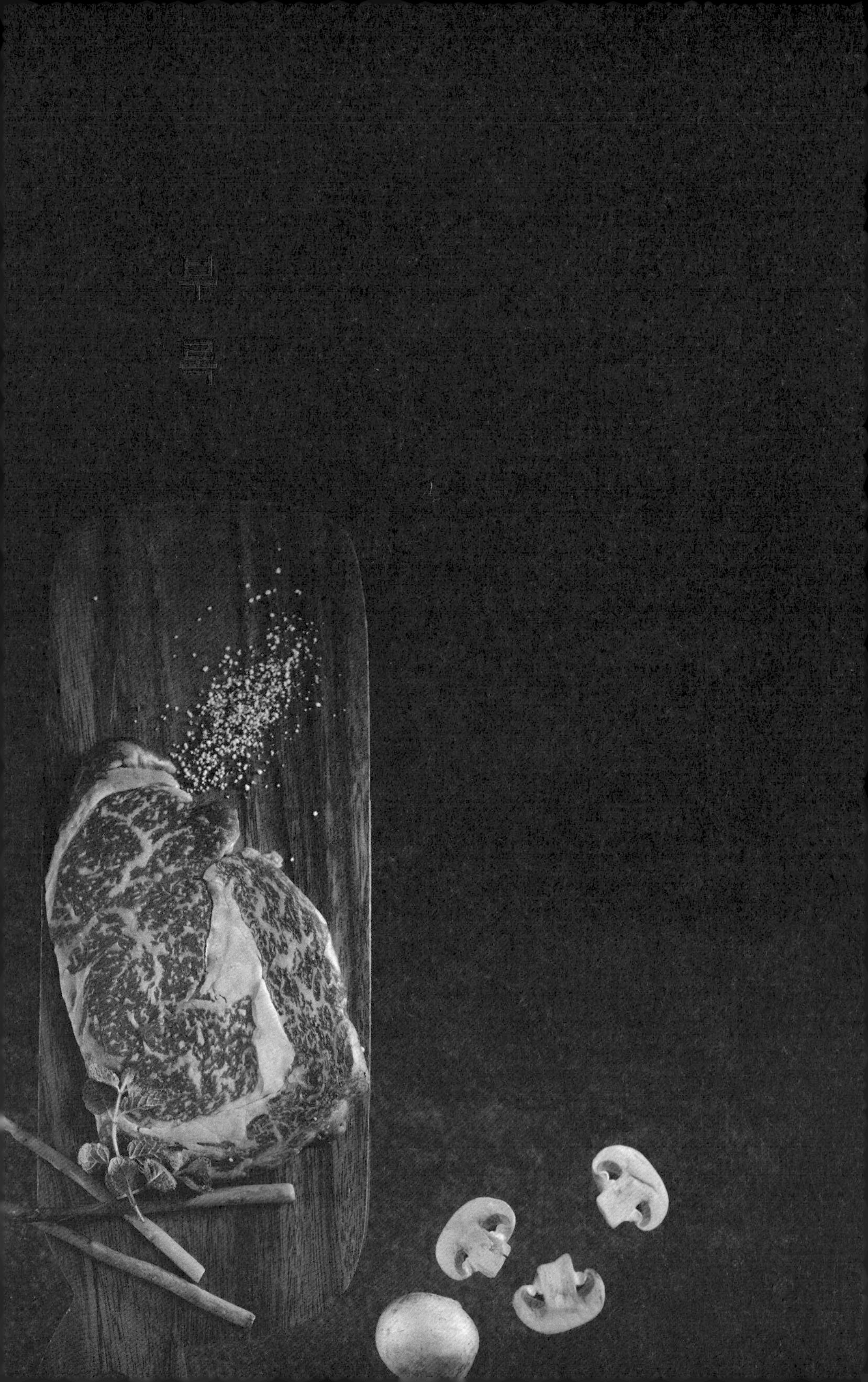
부록

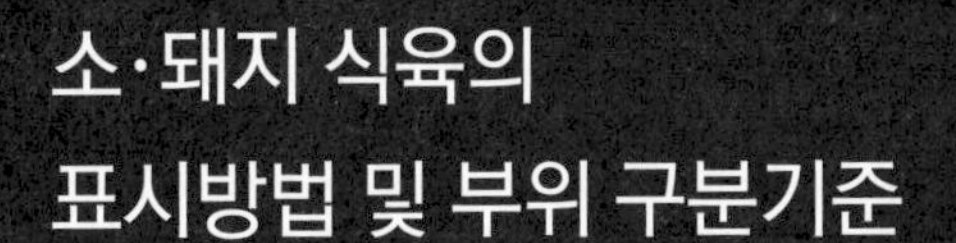

소·돼지 식육의 표시방법 및 부위 구분기준

[별표 1] 소고기 및 돼지고기의 분할상태별 부위명칭

[별표 2] 소고기 및 돼지고기의 부위별 분할정형기준

1. 소고기의 부위별 분할정형기준
2. 돼지고기의 부위별 분할정형기준

소·돼지 식육의 표시방법 및 부위 구분기준

[시행 2019. 5. 1.]

[식품의약품안전처고시 제2019-34호, 2019. 5. 1., 일부개정]

식품의약품안전처(식품안전표시인증과), 043-719-2868

☐ 제1조(목적) 이 고시는 「식품 등의 표시·광고에 관한 법률 시행규칙」 제2조제2항 관련 별표1 제4호나목·제5호가목 및 「농수산물의 원산지 표시에 관한 법률 시행규칙」 제3조1호 관련 별표1 제2호나목 1) 나) (3)에 따라 식육판매업·식육즉석판매가공업 영업자가 준수해야 하는 소·돼지 식육의 부위명칭 및 구별방법과 식육 종류 표시 등에 관한 세부사항을 규정함으로써 소비자에게 정확한 정보를 제공함을 목적으로 한다.

☐ 제2조(표시사항) 식육판매업·식육즉석판매가공업에서 절단하거나 나누어 판매하는 식육에는 다음 각 호의 사항을 표시하여야 한다.

1. 원산지·식육의 종류
2. 부위명칭(제6조에 따른 식육명은 부위명칭 이외에 식육명을 표시하고자 하는 경우에 한해 표시할 수 있다.)
3. 등급(제7조에 따른 등급 표시 의무부위에 해당하거나 등급표시를 하고자 하는 경우에 한한다.)
4. 도축장명(국내에서 도축된 소·돼지 식육에 한한다.)
5. 이력번호
6. 판매가격(100g당 가격)

☐ **제3조(원산지의 표시)** 국내산 또는 외국산(검역계류장도착일로부터 6개월 미만 국내에서 사육된 수입생우에서 생산된 고기를 포함한다)으로 표시하여야 하며, 외국산의 경우 괄호내에 수출국을 표시한다. 국내산 육우고기 중 수입생우에서 생산된 식육은 괄호내에 그 수출국을 함께 표시한다.

☐ **제4조(식육 종류의 표시)**

① 식육은 소고기, 돼지고기로 구분하고, 국내산 소고기의 경우 한우고기·젖소고기·육우고기로 구분하여 원산지 표시 다음에 괄호하여 표시한다.

② 제1항에 따라 국내산 소고기의 종류를 구분하는 경우, 한우고기는 한우에서 생산된 고기, 젖소고기는 송아지를 낳은 경험이 있는 젖소암소에서 생산된 고기, 육우고기는 육우종, 교잡종, 젖소수소 및 송아지를 낳은 경험이 없는 젖소암소에서 생산된 고기와 검역계류장 도착일로부터 6개월 이상 국내에서 사육된 수입생우에서 생산된 고기를 말한다.

☐ **제5조(부위명칭 및 그 표시방법)**

① 소고기 및 돼지고기는 분할상태에 따라 대분할과 소분할로 구별하며 그 부위명칭은 별표1과 같다.

② 제1항에 따른 부위에 대한 상세내용(부위별 분할정형기준)은 별표2와 같다.

③ 소고기 및 돼지고기의 부위명칭 표시 방법은 다음 각 호와 같다.

1. 부위명은 대분할 부위명칭 또는 소분할 부위명칭을 사용하여

부위별로 구분 표시하여야 한다.

2. 대분할 부위가 서로 혼재된 경우에는 많이 포함된 부위의 순서에 따라 각각의 대분할 부위명칭을 모두 표시하여야 한다.
3. 대분할 부위 내에서 소분할 부위가 혼재된 경우에는 대분할 부위명칭 다음에 괄호를 이용하여 소분할 부위명칭을 표시할 수 있다.
4. 제1호 부터 제3호까지의 규정에도 불구하고, 식육부위의 원형을 알아볼 수 없는 정도로 분쇄·절단하고 여러 부위를 섞어 판매하는 경우에는 해당 부위명칭 모두를 표시하지 아니하고 '부위혼합'으로 표시할 수 있다.

④ 수입된 식육의 경우에도 제1항 부터 제3항까지의 규정에 따라야 한다. 다만, 제1항 부터 제3항까지의 규정을 준수할 수 없는 수입식육의 경우에는 수출국에서 표시된 부위명칭(수출국에서 실제 통용되는 부위명칭을 말함)을 표시하되, 국내 기준에 해당되는 부위명칭을 많이 포함된 순서에 따라 모두 표시하는 등의 방법으로 수출국 부위명칭에 대한 설명을 덧붙일 수 있다.

□ 제6조(식육명의 표시)

① 식육판매업 및 식육즉석판매가공업 영업자는 각각의 식육을 나타내는 고유 명칭(이하 '식육명'이라 한다.)을 표시할 수 있다.

② 제1항에 따른 식육명을 표시하는 경우에도 제5조에 따라 부위명칭을 표시하여야 한다.

③ 제1항에 따른 식육명을 표시할 경우 다음 각 호의 표현을 사용하여서는 아니된다.

1. 별표1에 따른 부위명칭 또는 이와 유사한 명칭을 사용하여 다른 부위와 오인·혼동할 수 있는 표현
2. 「축산물 위생관리법」 제4조에 따라 「축산물 가공기준 및 성분규격」에서 정한 축산물의 유형 및 「식품위생법」 제7조에 따라 「식품등의 기준 및 규격」에서 정한 식품의 유형과 오인·혼동할 수 있는 표현
3. 「건강기능식품에 관한 법률」 제14조 및 제15조에 따라 「건강기능식품의 기준 및 규격」 등에서 정한 영양소명 및 기능성 원료명을 사용하여 건강기능식품으로 오인·혼동할 수 있는 표현

□ 제7조(등급 표시방법 등)

① 국내에서 도축되어 생산된 소고기의 경우, 대분할 부위인 안심, 등심, 채끝, 양지, 갈비와 이에 해당하는 소분할 부위의 등급을 표시하여야 하며, 그 외의 소고기 부위 및 돼지고기의 등급표시는 자율적으로 표시할 수 있다.

② 제1항에 따라 등급표시를 할 경우 축산물품질평가사가 발급한 해당 도체의 축산물등급판정확인서에 표기된 등급을 표시하여야 한다.

③ 제1항에 따른 소고기의 등급은 1^{++}등급, 1^{+}등급, 1등급, 2등급, 3등급, 등외로 표시하고, 돼지고기의 등급은 1^{+}등급, 1등급, 2등급, 등외로 표시한다.

④ 제1항 부터 제3항까지의 규정에 따른 등급표시를 할 경우, 등급 종류를 모두 나열한 다음, 해당 등급에 '○' 표시하여야 한다.

□ **제8조(도축장명의 표시)** 국내에서 도축되어 생산된 식육의 경우 해당 식육이 도축된 도축장의 업소명을 기재한다. 다만, 두 곳 이상의 도축장에서 도축된 식육이 서로 혼재된 경우에는 도축된 도축장명을 모두 기재하여 표시한다.

□ **제9조(표시방법)**

① 「식품 등의 표시·광고에 관한 법률 시행규칙」 제2조제2항 관련 별표1 제4호나목·제5호가목에 따라 식육을 비닐 등으로 포장하여 판매하는 경우에는 스티커 등에 인쇄하여 부착하거나 비닐에 그대로 인쇄하는 등의 방법으로 표시할 수 있다.

② 식육을 비닐 등으로 포장하지 않은 상태로 진열상자에 놓고 판매하는 경우에는 별표3 식육판매표지판을 식육의 전면에 설치하여 표시를 대신할 수 있다.

□ **제10조(재검토기한)** 식품의약품안전처장은 이 고시에 대하여 「훈령·예규 등의 발령 및 관리에 관한 규정」에 따라 2016년 1월 1일 기준으로 매 3년이 되는 시점(매 3년째의 12월 31일까지를 말한다)마다 그 타당성을 검토하여 개선 등의 조치를 하여야 한다.

□ 부　　칙 〈제2015-103호, 2015. 12. 23.〉

이 고시는 고시한 날부터 시행한다.

□ 부　　칙 〈제2019-34호, 2019. 5. 1.〉

이 고시는 고시한 날부터 시행한다.

[별표 1]

소고기 및 돼지고기의 분할상태별 부위명칭

쇠 고 기		돼 지 고 기	
대분할 부위명칭	소분할 부위명칭	대분할 부위명칭	소분할 부위명칭
안 심	- 안심살	안 심	- 안심살
등 심	- 윗등심살 - 꽃등심살 - 아래등심살 - 살치살	등 심	- 등심살 - 알등심살 - 등심덧살
채 끝	- 채끝살	목 심	- 목심살
목 심	- 목심살	앞다리	- 앞다리살 - 앞사태살 - 항정살 - 꾸리살 - 부채살 - 주걱살
앞다리	- 꾸리살 - 부채살 - 앞다리살 - 갈비덧살 - 부채덮개살	뒷다리	- 볼기살 - 설깃살 - 도가니살 - 홍두깨살 - 보섭살 - 뒷사태살
우 둔	- 우둔살 - 홍두깨살	삼겹살	- 삼겹살 - 갈매기살 - 등갈비 - 토시살 - 오돌삼겹
설 도	- 보섭살 - 설깃살 - 설깃머리살 - 도가니살 - 삼각살		

쇠 고 기		돼지고기	
대분할 부위명칭	소분할 부위명칭	대분할 부위명칭	소분할 부위명칭
양 지	- 양지머리 - 차돌박이 - 업진살 - 업진안살 - 치마양지 - 치마살 - 앞치마살	갈 비	- 갈비 - 갈비살 - 마구리
사 태	- 앞사태 - 뒷사태 - 뭉치사태 - 아롱사태 - 상박살		
갈 비	- 본갈비 - 꽃갈비 - 참갈비 - 갈비살 - 마구리 - 토시살 - 안창살 - 제비추리		
10개 부위	39개 부위	7개 부위	25개 부위

[별표 2]

소고기 및 돼지고기의 부위별 분할정형기준

1. 소고기의 부위별 분할정형기준

대분할육 정형

부위명칭	분 할 정 형 기 준
안 심	허리뼈(요추골) 안쪽의 신장지방을 분리한 후 두덩뼈(치골)아랫부분과 평행으로 안심머리 부분을 절단한 다음, 엉덩뼈(장골) 및 허리뼈(요추골)를 따라 장골허리근(엉덩근), 작은허리근(소요근) 및 큰허리근(대요근)을 절개하고 지방덩어리를 제거 정형한다.
등 심	도체의 마지막 등뼈(흉추)와 제1허리뼈(요추)사이를 직선으로 절단하고, 등가장긴근(배최장근)의 바깥쪽 선단 5cm이내에서 2분체 분할정중선과 평행으로 절개하여 갈비 부위와 분리한 후, 등뼈(흉추)와 목뼈(경추)를 발골하고 제7목뼈와 제1등뼈(흉추)사이에서 2분체 분할정중선과 수직으로 절단하여 생산한다. 어깨뼈(견갑골) 바깥쪽의 넓은등근(광배근)은 앞다리부위에 포함시켜 제외시키고, 과다한 지방덩어리를 제거 정형하며 윗등심살, 꽃등심살, 아래등심살, 살치살이 포함된다.
채 끝	마지막 등뼈(흉추)와 제1허리뼈(요추)사이에서 제13갈비뼈(늑골)를 따라 절단하고 마지막 허리뼈(요추)와 엉덩이뼈(천추골)사이를 절개한 후 엉덩뼈(장골)상단을 배바깥경사근(외복사근)이 포함되도록 절단하며, 제13갈비뼈(늑골) 끝부분에서 복부 절개선과 평행으로 절단하고, 등가장긴근(배최장근)의 바깥쪽 선단 5cm이내에서 2분체 분할정중선과 평행으로 치마양지부위를 절단 · 분리해내며, 과다한 지방을 제거 정형한다.
목 심	제1~제7목뼈(경추)부위의 근육들로서 앞다리와 양지부위를 제외하고, 제7목뼈(경추)와 제1등뼈(흉추)사이를 절단하여 등심부위와 분리한 후 정형한다. 항인대(떡심)을 기준으로 바깥쪽의 마름모근(멍에살)도 분리하여 목심으로 분류한다.
앞다리	상완뼈(상완골)을 둘러싸고 있는 상완두갈래근(상완이두근), 어깨 끝의 넓은등근(광배근)을 포함하고 있는 것으로 몸체와 상완뼈(상완골)사이의 근막을 따라서 등뼈(흉추) 방향으로 어깨뼈(견갑골) 끝의 연골부위 끝까지 올라가서 넓은등근(활배근) 위쪽의 두터운 부위의 1/3지점에서 등뼈(흉추)와 직선되게 절단하고, 발골하여 사태부위를 분리해내어 생산하며 과다한 지방을 제거 정형하고, 꾸리살, 부채살, 앞다리살, 갈비덧살, 부채덮개살이 포함된다.

부위명칭	분 할 정 형 기 준
우 둔	뒷다리에서 넓적다리뼈(대퇴골) 안쪽을 이루는 내향근(내전근), 반막모양근(반막양근), 치골경골근(박근), 반힘줄모양근(반건양근)으로 된 부위로서 정강이뼈(하퇴골)주위의 사태부위를 제외하여 생산하며 우둔살, 홍두깨살이 포함된다.
설 도	뒷다리의 엉치뼈(관골), 넓적다리뼈(대퇴골)에서 우둔부위를 제외한 부위이며 중간둔부근(중둔근), 표층둔부근(천둔근), 대퇴두갈래근(대퇴이두근), 대퇴네갈래근(대퇴사두근) 등으로 이루어진 부위로서 인대와 피하지방 및 근간지방덩어리를 제거 정형하며 보섭살, 설깃살, 설깃머리살, 도가니살, 삼각살이 포함된다.
양 지	뒷다리 하퇴부의 뒷무릎(후슬)부위에 있는 겸부의 지방덩어리에서 몸통피부근(동피근)과 배곧은근(복직근)의 얇은 막을 따라 뒷다리 대퇴근막긴장근(대퇴근막장근)과 분리하고, 복부의 배바깥경사근(외복사근)과 배가로근(복횡근)을 후4분체에서 분리하여 치마양지부위를 분리한다. 전4분체에서 갈비연골(늑연골), 칼돌기연골(검상연골), 가슴뼈(흉골)를 따라 깊은흉근(심흉근), 얕은흉근(천흉근)을 절개하여 갈비부위와 분리하고, 바깥쪽 목정맥(경정맥)을 따라 쇄골머리근(쇄골두근), 흉골유돌근을 포함하도록 절단하여 목심부위와 분리시켜 지방덩어리를 제거 정형하여 생산하며 양지머리, 차돌박이, 업진살, 업진안살과 채끝부위에 연접되어 분리된 복부의 치마양지, 치마살, 앞치마살이 포함된다.
사 태	앞다리의 전완뼈(전완골)과 상완뼈(상완골) 일부, 뒷다리의 정강이뼈(하퇴골)를 둘러싸고 있는 작은 근육들로서 앞다리와 우둔부위 하단에서 분리하여 인대 및 지방을 제거하여 정형하며 앞사태, 뒷사태, 뭉치사태, 아롱사태, 상박살이 포함된다.
갈 비	앞다리 부분을 분리한 다음 갈비뼈(늑골)주위와 근육에서 등심과 양지부위의 근육을 절단 분리한 후, 등뼈(흉추)에서 갈비뼈(늑골)를 분리시킨 것으로서 갈비뼈(늑골)를 포함시키고, 과다한 지방을 제거 정형하며 본갈비, 꽃갈비, 참갈비, 갈비살, 마구리를 포함한다. 대분할 구분의 특성상 토시살, 안창살, 제비추리도 동 부위에 포함하여 분류한다.

소분할육 정형

대분할 부위명칭	소분할 부위명칭	분 할 정 형 기 준
안 심	안심살	큰허리근(대요근), 작은허리근(소요근), 엉덩근(장골근)으로 구성되며 허리뼈(요추)와의 결합조직 및 표면지방을 제거하여 정형한 것
등 심	윗등심살	대분할된 등심부위에서 제5등뼈(흉추)와 제6등뼈(흉추)사이를 2분체 분할정중선과 수직으로 절단하여 제1등뼈(흉추)에서 제5등뼈(흉추)까지의 부위를 정형한 것
	꽃등심살	대분할된 등심부위에서 제5~제6등뼈(흉추)사이와 제9~제10등뼈(흉추)사이를 2분체 분할정중선과 수직으로 절단하여 제6등뼈(흉추)에서 제9등뼈(흉추)까지의 부위를 정형한 것
	아래등심살	대분할된 등심부위에서 제9등뼈(흉추)와 제10등뼈(흉추) 사이를 2분체 분할정중선과 수직으로 절단하여 제10등뼈(흉추)에서 제13등뼈(흉추)까지의 부위를 정형한 것
	살치살	윗등심살의 앞다리부위를 분리한 쪽에 붙어있는 배쪽톱니근(복거근)으로 윗등심살부위에서 등가장긴근(배최장근)과의 근막을 따라 분리하여 정형한 것
채 끝	채끝살	허리최장근(요최장근), 엉덩갈비근(장늑근), 뭇갈래근(다열근)으로 구성되며 대분할 채끝부위와 같은 요령으로 등심에서 분리하여 정형한 것
목 심	목심살	머리 및 환추최장근, 반가시근(반극근), 널판근(판상근), 목마름모근(경능형근), 목가시근(경극근), 긴머리근(두장근), 상완머리근(상완두근) 및 긴목근(경장근)으로 구성되어 있는 제1~제7목뼈(경추)부위의 근육들로서 대분할 목심부위의 분할정형기준과 동일하게 분리하여 정형한 것
앞다리	꾸리살	어깨뼈(견갑골) 바깥쪽 견갑가시돌기 상단부에 있는 가시위근(극상근)으로 견갑가시돌기를 경계로 하여 부채살에서 근막을 따라 절단하여 정형한 것

대분할 부위명칭	소분할 부위명칭	분 할 정 형 기 준
앞다리	부채살	어깨뼈(견갑골) 바깥쪽 견갑가시돌기 하단부에 있는 가시아래근(극하근)으로 앞다리살, 꾸리살부위와 근막을 따라 분리 정형한 것
	앞다리살	어깨뼈(견갑골) 안쪽부분과 상완뼈(상완골)을 감싸고 있는 근육들로 앞다리부위에서 꾸리살, 부채살, 부채덮개살, 갈비덧살 부위를 제외한 부분을 분리 정형한 것
	갈비덧살	앞다리 대분할시 앞다리에 포함되어 분리된 넓은등근(활배근)으로 앞다리살 부위와 분리한 후 정형한 것
	부채덮개살	어깨뼈(견갑골) 안쪽에 있는 견갑오목근(견갑하근)으로 대분할 앞다리부위에서 분리 정형한 것
우 둔	우둔살	뒷다리 엉덩이 안쪽의 내향근(내전근), 반막모양근(반막양근)으로 우둔 안쪽부위 근막을 따라 반힘줄모양근(반건양근)과 분리한 후 정형한 것
	홍두깨살	뒷다리 안쪽의 홍두깨모양의 단일근육으로 반힘줄모양근(반건양근)이며, 우둔 안쪽부위 근막을 따라 우둔살과 분리한 후 정형한 것
설 도	보섭살	뒷다리의 엉덩이를 이루는 부위로 엉치뼈(관골)를 감싸고 있는 중간둔부근(중둔근), 표층둔부근(천둔근), 깊은둔부근(심둔근) 등으로 이루어져 있으며, 엉치뼈, 넓적다리뼈(대퇴골)를 제거한 뒤 대퇴관절(고관절)에서 엉치뼈의 엉덩뼈(장골)과 좌골면을 기준으로 도가니살과 설깃살을 분리한 후 정형한 것
	설깃살	뒷다리의 바깥쪽 넓적다리를 이루는 부위로 대퇴두갈래근(대퇴이두근)으로 이루어져 있으며, 대퇴골부위에서 보섭살, 삼각살 및 도가니살을 분리한 후 정형한 것
	설깃머리살	대퇴두갈래근(대퇴이두근)의 상단부(삼각형태)를 설깃살에서 관골의 좌골면을 기준으로 분리 정형한 것

대분할 부위명칭	소분할 부위명칭	분 할 정 형 기 준
설 도	도가니살	뒷다리 무릎뼈(슬개골)에서 시작하여 넓적다리뼈(대퇴골)를 감싸고 있는 근육부위로 대퇴네갈래근(대퇴사두근)으로 이루어져 있으며, 뒷다리 설도부위에서 보섭살, 삼각살, 설깃살과 설깃머리살 부위를 분리한 후 정형한 것
	삼각살	뒷다리의 바깥쪽 엉덩이부위로 대퇴근막긴장근뒷다리의 바깥쪽 엉덩이부위로 대퇴근막긴장근(대퇴근막장근)으로 이루어져 있으며, 보섭살에서 분리한 후 정형한 것
양 지	양지머리	제1목뼈(경추)에서 제7갈비뼈(늑골)사이의 흉골 부위에 붙어 있는 양지부위 근육들로 차돌박이 주변근육을 포함하며, 목심과 갈비부위에서 분리한 후 정형한 것
	차돌박이	제1갈비뼈(늑골)에서 제7갈비뼈(늑골) 하단부의 희고 단단한 지방을 포함한 근육부위로 폭을 15㎝정도로 하여 양지머리에서 분리한 후 정형한 것
	업진살	제7갈비뼈(늑골)에서 제13갈비뼈(늑골) 하단부까지의 연골부위를 덮고 있는 복부근육들에서 갈비와 분리하여 정형한 것으로 업진안살을 포함한다.
	업진안살	제7~제13갈비뼈(늑골) 복강안쪽에 위치하는 배가로근(복횡근)만으로 이루어진 부위로 가늘고 길며 얇은 판 형태를 이루고 있으며 업진살 부위에서 분리 정형한 것
	치마양지	제1허리뼈(요추)에서 뒷다리 관골 절단면까지 복부근육들로 배속경사근(내복사근), 배곧은근(복직근), 배바깥경사근(외복사근)과 몸통피부근(동피근)이 주를 이루며, 채끝부위 등가장긴근(배최장근) 선단에서 2분체 분할정중선과 수평으로 절단하여 정형한 것으로 치마살과 앞치마살을 포함한 것
	치마살	치마양지부위에서 배속경사근(내복사근)만을 분리하여 정형한 것
	앞치마살	제3~제6허리뼈(요추)까지의 복부절개선 방향에 위치하는 배곧은근(복직근)을 분리 정형한 것으로 타원형의 판 형태를 이루고 있으며 치마양지에서 분리한 것
사 태	앞사태	앞다리의 전완뼈(전완골)과 상완뼈(상완골) 일부를 감싸고 있는 여러 근육들로 근막을 따라 앞다리에서 분리 정형한 것

대분할 부위명칭	소분할 부위명칭	분 할 정 형 기 준
사 태	뒷사태	뒷다리의 정강이뼈(하퇴골)를 싸고 있는 여러 근육들로 근막을 따라 우둔에서 분리 정형한 것
	뭉치사태	넓적다리뼈(대퇴골) 하단부의 무릎관절(슬관절)을 감싸고 있는 장딴지근(비복근)으로 된 부위로서 뒷사태와 분리 정형한 것으로 천지굴근 포함한 것
	아롱사태	뭉치사태 안쪽에 있는 단일근육이며 얕은뒷발가락굽힘근(천지굴근)으로서 아킬레스건에 이어진 근육을 따라 뭉치사태 하단부에서 상단부까지 절개 후 분리 정형한 것
	상박살	앞다리 상완뼈(상완골)을 감싸고 있는 상완근을 앞사태에서 분리 정형한 것
갈 비	본갈비	대분할된 갈비부위에서 제5~제6갈비뼈(늑골)사이를 절단하여 제1갈비뼈(늑골)에서 제5갈비뼈(늑골)까지의 부위를 정형한 것
	꽃갈비	대분할된 갈비부위에서 제5~제6갈비뼈(늑골)사이와 제8~제9갈비뼈(늑골)사이를 절단하여 제6갈비뼈(늑골)에서 제8갈비뼈(늑골)까지의 부위를 정형한 것
	참갈비	대분할된 갈비부위에서 제8~제9갈비뼈(늑골)사이를 절단하여 제9갈비뼈(늑골)에서 제13갈비뼈(늑골)까지의 부위를 정형한 것
	갈비살	갈비부위에서 뼈를 제거하여 살코기부위만을 정형한 것(본갈비살, 꽃갈비살, 참갈비살을 포함한다)
	마구리	대분할된 갈비부위에서 등심부위가 제거된 늑골두 부분과 양지가 분리된 가슴뼈(흉골)와 갈비연골(늑연골) 부분으로서 늑골사이근(늑간근)이 붙어있는 부분을 따라 타원형으로 절단하여 분리한 것
	토시살	제9등뼈(흉추)와 제1허리뼈(요추)에 부착되어 횡격막(안창살)사이의 복강에 노출되어있는 근육으로 안창살과 등뼈(흉추)에서 분리 정형한 것
	안창살	갈비안쪽의 가슴뼈(흉골) 끝에서 허리뼈(요추)까지 갈비를 가로질러 있는 얇고 평평하게 복강 내에 노출되어 분포하는 횡격막근으로 갈비뼈(늑골)에서 분리하여 정형한 것
	제비추리	제1등뼈(흉추)에서 제6등뼈(흉추)와 갈비뼈(늑골) 접합부위를 따라 분포하는 띠 모양의 긴목근(경장근)으로 목심 및 등심이 분리되는 지점에서 직선으로 절단하여 정형한 것

2. 돼지고기의 부위별 분할정형기준

대분할육 정형

부위명칭	분 할 정 형 기 준
안 심	두덩뼈(치골)아랫부분에서 제1허리뼈(요추)의 안쪽에 붙어있는 엉덩근(장골허리근), 큰허리근(대요근), 작은허리근(소요근), 허리사각근(요방형근)으로 된 부위로서 두덩뼈(치골)아래부위와 평행으로 안심머리부분을 절단한 다음 엉덩뼈(장골) 및 허리뼈(요추)를 따라 분리하고 표면지방을 제거하여 정형한다.
등 심	제5등뼈(흉추) 또는 제6등뼈(흉추)에서 제6허리뼈(요추)까지의 등가장긴근(배최장근)으로서 앞쪽 등가장긴근(배최장근) 하단부를 기준으로 등뼈(흉추)와 평행하게 절단하여 정형한다.
목 심	제1목뼈(경추)에서 제4등뼈(흉추) 또는 제5등뼈(흉추)까지의 널판근, 머리최장근, 환추최장근, 목최장근, 머리반기시근, 머리널판근, 등세모근, 마름모근, 배쪽톱니근 등 목과 등을 이루고 있는 근육으로서 등가장긴근(배최장근) 하단부와 앞다리사이를 평행하게 절단하여 정형한다.
앞다리	상완뼈(상완골), 전완뼈(전완골), 어깨뼈(견갑골)를 감싸고 있는 근육들로서 갈비(제1갈비뼈(늑골)에서 제4갈비뼈(늑골) 또는 제5갈비뼈(늑골)까지)를 제외한 부위이며 앞다리살, 앞사태살, 항정살, 꾸리살, 부채살, 주걱살이 포함된다.
뒷다리	엉치뼈(관골), 넓적다리뼈(대퇴골), 정강이뼈(하퇴골)를 감싸고 있는 근육들로서 안심머리를 제거한 뒤 제7허리뼈(요추)와 엉덩이사이뼈(천골)사이를 엉치뼈면을 수평으로 절단하여 정형하며 볼기살, 설깃살, 도가니살, 홍두깨살, 보섭살, 뒷사태살이 포함된다.
삼겹살	뒷다리 무릎부위에 있는 겸부의 지방덩어리에서 몸통피부근과 배곧은근의 얇은 막을 따라 뒷다리의 대퇴근막긴장근과 분리 후, 제5갈비뼈(늑골) 또는 제6갈비뼈(늑골)에서 마지막 요추와(배곧은근 및 배속경사근 포함)뒷다리 사이까지의 복부근육으로서 등심을 분리한 후 정형한다.
갈 비	제1갈비뼈(늑골)에서 제4갈비뼈(늑골) 또는 제5갈비뼈(늑골)까지의 부위로서 제1갈비뼈(늑골) 5㎝ 선단부에서 수직으로 절단하여 깊은흉근 및 얕은흉근을 포함하여 절단하며 앞다리에서 분리한 후 피하지방을 제거하여 정형한다.

소분할육 정형

대분할 부위명칭	소분할 부위명칭	분 할 정 형 기 준
안 심	안심살	대분할 안심부위의 분할정형기준과 동일
등 심	등심살	대분할 등심부위의 분할정형기준과 동일
	알등심살	대분할 등심부위에서 가운데 길게 형성되어있는 등가장긴근(배최장근)으로서 주위 덧살을 제거하여 정형한 것
	등심덧살	대분할 등심부위에서 알등심살을 생산한 후 분리되는 근육
목 심	목심살	대분할 목심부위의 분할정형기준과 동일
앞다리	앞다리살	대분할 앞다리부위에서 앞사태살, 항정살, 꾸리살, 부채살, 주걱살을 분리하여 정형한 것
	앞사태살	전완뼈(전완골)과 상완뼈(상완골) 일부(상완이두근)를 감싸고 있는 근육들로서 앞다리살과 분리 절단하여 정형한 것
	항정살	머리와 목을 연결하는 근육(안면피근 및 경피근)으로 림프선과 지방을 최대한 제거하여 정형한 것(도축시 절단된 머리 부분의 안면피근 및 경피근도 포함한다)
	꾸리살	어깨뼈(견갑골) 바깥쪽 견갑가시돌기 상단부에 있는 가시위근(극상근)으로 앞다리살 부위에서 부채살에 평행되게 절단하여 근막을 따라 분리 · 정형한 것
	부채살	어깨뼈(견갑골) 바깥쪽 견갑가시돌기 하단부에 있는 가시아래근(극하근)으로 앞다리살 부위에서 꾸리살과 평행되게 절단하여 근막을 따라 분리 정형한 것
	주걱살	앞다리 대분할시 분리된 앞다리쪽 깊은 흉근(심흉근)으로 앞다리살에서 분리한 후 정형한 것
뒷다리	볼기살	뒷다리의 넓적다리 안쪽을 이루는 부위로 내향근(내전근), 반막모양근(반막양근) 등의 근육으로 이루어져있고 도가니살의 경계를 따라 넓적다리뼈(대퇴골) 윗부분을 분리하여 정형한 것
	설깃살	뒷다리의 바깥쪽 넓적다리를 이루는 부위로 대퇴두갈래근(대퇴이두근)으로 이루어져있으며 넓적다리뼈(대퇴골)부위에서 볼기살, 도가니살, 보섭살과 분리한 후 정형한 것
	도가니살	뒷다리의 무릎 쪽에서 무릎뼈(슬개골)와 함께 넓적다리뼈(대퇴골)를 감싸고 있는 부위로 대퇴네갈래근(대퇴사두근) 및 대퇴근막긴장근으로 이루어져있으며, 질긴 근막을 따라 설깃살과 분리하고 엉덩뼈(장골) 측면을 따라 보섭살과 분리한 후 정형한 것

대분할 부위명칭	소분할 부위명칭	분 할 정 형 기 준
뒷다리	홍두깨살	뒷다리 뒷쪽부분 안쪽에 홍두깨 모양의 반힘줄모양근(반건양근)으로 설깃살과 볼기살 사이의 근막을 따라 분리한 후 정형한 것
	보섭살	뒷다리의 엉덩이를 이루는 부위로 엉치뼈(관골)를 감싸고 있는 중간둔부근(중둔근), 표층둔부근(천둔근) 등으로 이루어져있으며 엉치뼈와 넓적다리뼈(대퇴골)를 제거한 뒤 대퇴관절(고관절)에서 엉덩뼈(장골)와 궁둥뼈(좌골)면을 기준으로 도가니살과 설깃살을 분리한 후 정형한 것
	뒷사태살	정강이뼈와 종아리뼈(경골과 비골)를 감싸고 있는 근육들로서 근막을 따라 볼기살, 설깃살과 분리한 후 정형한 것
삼겹살	삼겹살	제5갈비뼈(늑골) 또는 제6갈비뼈(늑골)에서 마지막 요추와 엉덩뼈(장골)사이까지의 등심아래 복부부위(배곧은근 및 배속경사근 포함)로서 복부 지방과 갈매기살, 오돌삼겹, 토시살을 제거하고 정형한 것
	갈매기살	갈비뼈(늑골) 안쪽의 가슴뼈(흉골) 끝에서 허리뼈(요추)까지 갈비뼈(늑골) 윗면을 가로질러있는 얇고 평평한 횡격막근으로 갈비뼈(늑골)에서 분리 정형한 것
	등갈비	등심분할 및 갈비뼈(늑골) 발골전에 제5갈비뼈(늑골) 또는 제6갈비뼈(늑골)에서 마지막 갈비뼈(늑골) 중 등뼈(흉추)에서부터 길이 10㎝이내의 갈비뼈(늑골)쪽 부위로서 갈비뼈(늑골)를 절단하고 갈비뼈(늑골)에 늑골사이근(늑간근)과 장골늑골근 및 등심근육 일부가 포함되도록 분리하여 정형한 것
	토시살	갈비뼈(늑골) 안쪽의 가슴뼈(흉골)에 부착되어 횡격막(갈매기살) 사이에 노출되어있는 근육으로 갈매기살에서 분리하여 정형한 것
	오돌삼겹	제5갈비뼈(늑골) 또는 제6갈비뼈(늑골)부터 마지막 갈비뼈(늑골)까지의 연골을 감싸고 있는 근육을 가슴뼈(흉골)을 제외하고 갈비연골(늑연골)을 포함하여 폭 6㎝ 이내로 대분할 삼겹살부위에서 분리하여 정형한 것
갈 비	갈비	대분할 갈비부위의 분할정형기준과 동일
	갈비살	갈비부위에서 갈비뼈와 마구리를 제거하여 살코기부위만을 정형한 것
	마구리	소분할 갈비부위에서 가슴뼈(흉골) 부분을 따라 분리하여 정형한 것

마장동 최박사의 고기로 돈 버는 기술

초판 1쇄 발행 2019년 9월 11일

지은이 최영일
감 수 남정윤(고기육연구소 대표)
펴낸이 김동명
펴낸곳 도서출판 창조와 지식
디자인 주식회사 북모아
인쇄처 주식회사 북모아

출판등록번호 제2018-000027호
주 소 서울특별시 강북구 덕릉로 144
전 화 1644-1814
팩 스 02-2275-8577

ISBN 979-11-6003-152-2

정 가 15,000원

지식의 가치를 창조하는 도서출판 창조와 지식
www.mybookmake.com